趣味
天文学

［俄罗斯］雅科夫·伊西达洛维奇·别莱利曼 著

罗子倪 译

天津出版传媒集团
天津科学技术出版社

图书在版编目（CIP）数据

趣味天文学 /（俄罗斯）雅科夫·伊西达洛维奇·别莱利曼著；罗子倪译 . -- 天津：天津科学技术出版社，2022.1

ISBN 978-7-5576-9771-6

Ⅰ . ①趣⋯ Ⅱ . ①雅⋯ ②罗⋯ Ⅲ . ①天文学 – 普及读物 Ⅳ . ① P1–49

中国版本图书馆 CIP 数据核字（2021）第 262738 号

趣味天文学

QUWEI TIANWENXUE

策 划 人：杨 譞
责任编辑：杨 譞
责任印制：兰 毅

出　　版：天津出版传媒集团
　　　　　天津科学技术出版社
地　　址：天津市西康路 35 号
邮　　编：300051
电　　话：（022）23332490
网　　址：www.tjkjcbs.com.cn
发　　行：新华书店经销
印　　刷：鑫海达（天津）印务有限公司

开本 720×1 020　1/16　印张 12　字数 179 000
2022 年 1 月第 1 版第 1 次印刷
定价：39.80 元

雅科夫·伊西达洛维奇·别莱利曼（1882—1942）是世界著名的科普大师，趣味科学的奠基人，被誉为"数学的歌手、物理学的乐师、天文学的诗人、宇航学的司仪"。为了纪念他对科学的贡献，月球背面的一座环形山便是以他的名字命名的。

别莱利曼一生致力于趣味科学的教育及写作，作品颇丰，包括《趣味物理学》《趣味物理学（续编）》《趣味力学》《趣味几何学》《趣味天文学》等。许多作品被翻译成多种语言，在许多国家出版发行，拥有大量的读者，深受全世界读者的喜爱。

本书改版自别莱利曼的《趣味天文学》。全书介绍了"关于天的学说"中最基本的内容，用典型的科普语言，帮助读者了解一些基本的天文学现象。书中对于一些天文现象和材料的研究方式同学校的教程有着本质的不同。日常生活中很多人们半懂不懂

的天文现象，在这本书里被用一种不同寻常、充满辩证观点的方式给予重新阐述，引领读者轻松走进天文学的大门，从而最大限度地激起读者的兴趣。

别莱利曼将文学语言与科学语言完美地结合，将生活实际和科学理论巧妙地联系，能把一个问题、一个原理叙述得简洁生动、妙趣横生而又十分准确。避免枯燥的说教，而能与读者分享一些神奇的故事、有趣的问题甚至各种奇谈怪论，共同探讨其中的科学知识，使人忘记是在读书、学习，而更像在听一个个新奇迷人的故事。

本书翻译在忠实于原版的基础上，语言上更贴近中国读者的阅读习惯，增配部分精美彩图，再辅以生动活泼的版式，让读者在轻松阅读的同时感受到科学的无穷魅力。

目录

C O N T E N T S

第一章　地球和它的运动

第二章　月球及其运动

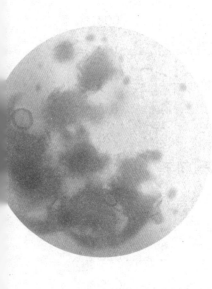

第二章 行星

第四章 恒 星

☆ 天狼

第一章

地球和它的运动

地球和地图中的最短航线

　　小学课堂上，教数学的女老师在黑板上用粉笔画了两个点，然后把粉笔递给一位学生："请在两点之间画出一条最短的路线。"

　　她的学生接过粉笔，小心翼翼地在两点之间画出了一条弯弯曲曲的线（图1）。

　　女老师惊讶又生气地说："两点之间直线最短！是谁告诉你最短路线是曲线的！"

　　"老师，是我爸爸说的，他每天都要开公交车。"学生回答。

　　请你先别急着嘲笑那位小学生，因为如果你知道了图2里那条弯曲的虚线正是好望角和澳大利亚南端之间最短的路线的话，你恐怕就笑不出来了。实际上，还有你更想不到的事情，比如：图3上从日本到巴拿马运河的两条路线中，那条半圆形路线要比直线距离短得多！

图1　在 A、B 两点间画一条最短的路线。

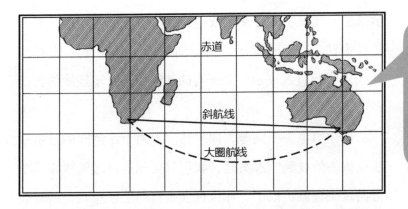

图 2 在航海图上，从好望角到澳大利亚南端的最短航线不是直线（斜航线）而是曲线（大圈航线）。

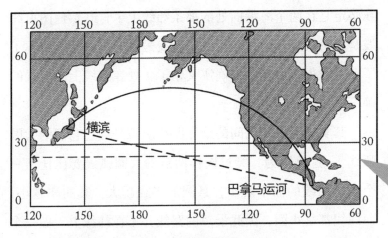

图 3 在航海图上连接横滨和巴拿马运河的曲线航线，比这两点之间的直线航线短。

　　如果你还是以为我在开玩笑，你就错了。上述都是地图绘测员承认且无法辩驳的真实情况。

　　要解释清楚这个问题，我们要先从地图，特别是航海图的基本知识谈起。首先你要知道，因为地球是个球体，所以从精确的角度来讲，它的任何一个部分都无法完全展开为一个没有任何重叠或者破裂的平面。所以，即使是我们想要在纸上画出部分大陆，也并非易事。在绘制地图时，人们想破脑袋也无法找到一个可以避免歪曲的方法，所以你也根本找不到一张没有歪曲的地图。

　　至于航海家所使用的航海图，是以 16 世纪荷兰地理学家墨卡托发明的方法制成的，这个方法又被叫作"墨卡托投影法"。这种带格子的地图易懂之处在于：所有的经线用平行直线表示，而所有的纬线用垂直于经线的直线表示。

请你思考一个问题，同一纬度上两个海港间的最短航线应该如何找到？答案是，我们只要知道最短航线在哪个方向及位置就可以了。你也许会很自然地联想到，最短航线必定是在两个海港同处的那条纬线上了，既然地图上纬线是用直线表示的，两点之间直线最短的原理肯定错不了了。但我得告诉你，你确实又错了，处在纬线上的航线的确不是最短的航线。

其实球面上两点间的最短路线应该是经过它们的大圈弧线①。这是因为，经过同样两点的大圈弧线要比任何一个小圈弧线的曲率要小，且圆的半径越大，其曲率越小。而纬线都是小圈，因此最短的路线并不在纬线上。做一个实验可以证明这一点，你可以用一条细线在地球仪上经过这两点，并把细线拉直，你就会发现细线肯定不是沿着纬线的（图4）。拉紧的线必然代表最短的航线，如果它不与地球上的纬线重合，则意味着在航海图上最短距离也必然不是用直线表示的。因为作为曲线，纬线在地图上却是用直线表示的，因此反过来说，在地图上任何一条不与直线相重合的线，都是曲线表示的直线。

现在，你应该明白为什么航海图上的最短航线是曲线，而并非直线了吧。

传说在俄国多年以前，人们对于如何修筑一条从圣彼

① "大圈"是指在球面上其圆心与球心重合的圆，球面上其他的圆叫作"小圈"。

得堡到莫斯科的十月铁路（当时叫尼古拉铁路）有很大的争议，最后俄皇尼古拉一世出面结束争议：他决定从圣彼得堡到莫斯科之间应该用一条直线的铁路连接起来。假如当时他所用的地图是由墨卡托制图法制成的，恐怕他会对结果感到意外：这样铺设而成的铁道根本不是直线，而是曲线。

如果要检验图上所画的曲线是否真的是大圈弧线，你只需用一条线和一个地球仪就可以了。图 2 中从非洲到澳大利亚的直线航线长度为 6020 海里，而曲线航线只有 5450 海里，后者比前者短 570 海里，即 1050 千米。在地图上你可以看到，从伦敦到上海画一条直线航空线，它必须要穿过里海，但实际上最短的航空线只要经过圣彼得堡北面就行了。在航行时，弄清楚这些问题对于节省时间和燃料都起着非常重要的作用。

图 4 在地球仪上的两点之间拉紧一条细线，这是求出两点之间真正最短路线的简便方法。

　　而节省时间和燃料在当代有多么重要，相信无须多言，因为我们已经不是处在那个原始的帆船航海时代，对时间非常不重视。轮船的出现，意味着时间变成了金钱，航线变短，就是烧煤的时间变短，也就是花在煤上的钱会少一点。所以在当代，航海家往往不用墨卡托地图，而使用一种大圈弧线以直线表示的所谓"心射"投影地图，这是为了确保轮船始终沿着最短的航线航行。

　　但是，为什么以前的航海家在航海时还使用墨卡托地图，并且没有选择最短航线呢？是因为他们那时候还不知道上述所说的知识吗？当然不是。凡事都如双刃剑，这是因为墨卡托地图虽然有某些缺陷，但是在某些情况下对航海家有着很大的帮助。首先，墨卡托地图中所表示的小陆地区域轮廓基本没有歪曲，除非在远离赤道的地方。在那里地图上所表示的陆地轮廓要比实际的稍大，而且纬度越高，轮廓越大。不了解其中特性的人看到这种航海图，也许会产生误解。例如，在墨卡托地图上，格陵兰和非洲看起来好像一样大，阿拉斯加甚至比澳大利亚看起来还要大，但事实上格陵兰不过是非洲的 1/15，而阿拉斯加和格陵兰加在一起还只有澳大利亚的 1/2。然而，对于早已熟悉其特点的航海家来说，这些都不是问题，且愿意包容。毕竟在小区域范围内，航海图上的形状轮廓基本上还是能与现实一致的。（图 5）

其次，墨卡托地图在实际的领航运用中比较方便，因为它是唯一以直线表示轮船定向航线的地图。"定向"航行是指轮船航行时固定在一个方向、"方向角"不变，这意味着轮船的航线与所有经线相交的角度都将相等。"定向"航行中的航线叫作斜航线，只有在以平行直线表示经线的地图上，航线才能通过直线的方式表示出来[1]。在地球上，所有纬线圈与经线圈相交角都为直角，因此在墨卡托地图上纬线圈都是垂直于经线的直线，所以这种地图上绘满了方格，也成为其一大特色。

你现在明白为什么航海家喜欢使用墨卡托地图了吧，如果船长决定要到某个海港，他就会用尺子在出发地和目的

[1]但实际上斜航线是缠绕在地球上的类似螺旋状的曲线。

地之间画一条直线，再量出它跟经线的夹角以确定航向。在浩瀚的大海上，轮船只要始终沿着这个方向航行，最后就可以准确地到达目的地。由此可见，"斜航线"虽不是最短最经济的航线，却是最方便的选择。例如，假如我们要从好望角出发去往澳大利亚最南端（图 2），只要使轮船一直朝着南偏东 87°50′ 的方向航行即可。但是如果想要走最短的大圈航线，则不得不一直改变航向。一开始要往南偏东 42°50′ 的方向，到达时又改为向东 39°50′ 的方向（实际上，这条所谓的最短航线并不存在，因为它已经延伸到南极地区了）。

有时候，斜航线和大圈航线也可能重合，那是当沿赤道或者经线航行的时候，因为那时大圈航线在墨卡托方法绘制的航海图上也正好是用直线表示的。但除此以外的任何情况下，这两种航线都各不相同。

图 5 全球航海图，也叫作墨卡托地图。在这种地图上，高纬度地方的轮廓扩大得相当厉害。

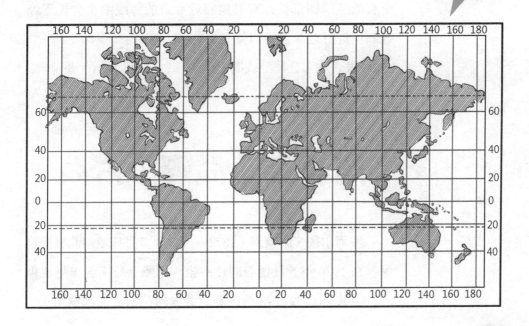

经度和纬度哪个长

［题］大家在学生时代可能都学过关于经纬线的基本知识，但是我下面提出的这个问题恐怕不是每个人都能回答正确：

1° 纬度是否总比 1° 经度长？

［解］很多人都觉得答案是肯定的，因为每一个纬线圈都比经线圈要小，而经度和纬度的计算分别是通过纬线圈和经线圈的长度计算得出，所以 1° 经度的长度很显然小于 1° 纬度的长度。说的都没错，但是我们忘记了一个最基本的前提事实：地球并不是一个真正的圆球，而是一个椭圆体，并且在赤道上突出。因此，在这个椭圆体的地球上，赤道比所有的经线圈都长，有时候靠近赤道的纬线圈也会长于经线圈。进行运算就可以知道，在 0° ~5° 的纬线圈上的 1°（用经度表示）会比经线圈上的 1°（用纬度表示）要长。

阿蒙森飞向哪个方向

罗阿尔德·阿蒙森（1872—1928 年）是挪威南北极探险家。在 1926 年 5 月他与同伴乘坐"挪威"号飞艇飞越北极点，一共花了 72 小时最终到达美国阿拉斯加的巴罗角。

[题] 当阿蒙森从北极出发飞回时，朝向哪个方向？而当他从南极飞回时，又是朝向哪个方向？

如果不查任何资料，你能回答吗？

[解] 因为北极是地球最北的一点。在该点，走向哪个方向都是在往南面走。所以阿蒙森飞回来的时候也就只能朝唯一的方向——南面飞了。以下是他当时乘坐"挪威"号飞艇去北极时的一段日记：

"挪威"号在北极上空绕了一圈就继续我们的其他行程……从那时起我们的航行方向始终向南，一直到我们把飞艇降落到了罗马城。

而同理可知，阿蒙森从南极飞回的时候，也只能够往北面飞行。

普鲁特果夫写过一篇滑稽的小说，讲的是一个人误入"最东的国家"。

> 北极和南极分别是地轴的北端和南端。极地地区（包括北极和南极）是地球上最冷的地方，并且常年被冰雪覆盖着。

无论前边、左边、右边都是东边，至于西边呢？你或

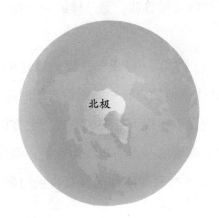

北极

南极

许会以为终有一天还是会看到的吧，就如在迷雾中察觉到远方轻微摆动的点一样……但是你完全错了！实际上连后边也同样还是东边！总而言之，这个国度从不存在东边以外的任何方向。

地球上并不存在只有东边的国度，但地球上确实存在只有南边或者只有北边的地方。因为如果你有一所房子，坐落北极，那就是面朝四方，都是南方了。

五种不同的时间

钟表在我们的日常生活中司空见惯，但有没有人想过钟表所指示的时间代表什么意义呢？你又是否能说清楚，当你说着"现在是晚上 7 点"的时候到底想表达些什么？

难道你只是想表达那个时针正好停在了"7"这个数字上吗？那么这个"7"又代表了什么呢？是表示在正午后又过去了一昼夜吗？那继续回答我，是怎样的一昼夜？一昼夜又是指什么？

事实上，在常见的"过去了一昼夜"这样的表述中，"一昼夜"通常指的是地球绕地轴自转一周所需要的时间。而在实际的测定中，可假设以连接天空中观测者正上方的一点（天顶）与地平线正南端的一点的直线为准线，测出太阳中心两次经过此准线的时间间隔即为一昼夜的时间。

当然，因为一些因素，此时间间隔并不固定，但是都相差不算大。因此我们也不必苛求平日使用的时钟、手表与太阳运行对应得完全精确，而且这也是人们根本无法做到的。早在一个世纪前，巴黎的钟表匠们就曾挂出过这样的招牌向世人明示："关于时间，请不要相信太阳这个骗子。"

如果我们不相信太阳，我们又该以什么来作为我们校对钟表的标准呢？其实，我们并不是不相信太阳，只是不以现实中的那个太阳作为参考，而使用一个假想的太阳模型。这个太阳模型不用于发光发热，只用作计算时间的标准，我们假设它的运行速度总是一定的，绕地一周的时间也正好与现实相等。在天文学上，这个模型又被称作"平均太阳"，而它在经过准线的一刻称为"平均中午"，两个平均中午间的时间间隔就是"平均太阳日"了。而通过这种方法算出的时间就被称为"平均太阳时间"。这个平均太阳时间并不是当地真正的太阳时间，但所有的钟表都是根据它校对的。想要知道当地的太阳时间，可以利用日晷测定，日晷与钟表的不同之处在于它的指针是由针影来充当的。

图6 太阳日为什么比恒星日长？

有的人可能会以为太阳经过准线的时间间隔之所以会有差异，是由于地球绕轴自转不等速造成的，这绝对是一个误解。真正的原因并不在于地球的自转，而是在于地球绕日公转速度的不均匀。图6中所表示的是地球

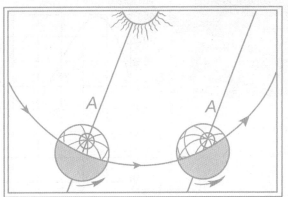

在绕日公转轨道上连续运行的两个位置，地球右下方的箭头表示的正是地球自转的方向，如果站在北极点上可以看到自转是逆时针方向。对于左边地球的A（北极点）点来说，此时正对太阳，时间为正午12点。试想象地球自转的同时也在绕日公转，而当自转一周完成时，其在公转轨道上的位置也理应到达轨道中稍右的位置，也即图中右边地球所示。可以看到，此时通过A点的地球半径方向并没有改变，而由于在公转轨道上位置的改变，A点并不正对太阳，而位置稍左，也就是说对于A点来说并不是中午，只有等过了几分钟，太阳越过通过A点的地球半径，A点当地的中午才到来。

从图6我们可以知道，一个真正太阳日的时间要比地球自转一周的时间稍长一点。我们再假设地球公转速度不变，且公转轨道是以太阳为圆心的圆，则此假定中的"真正太阳日"与地球自转一周的时间差应该不变且不难求得。所以在此假定下，此固定微小的时间差乘以一年365天应该正好等于一昼夜的时间，也就是说地球在绕日公转

图7 这个曲线图表示，真正太阳日的中午在平均太阳时间是几点几分，譬如4月1日的真正中午在准确的钟表上应指在12点5分。

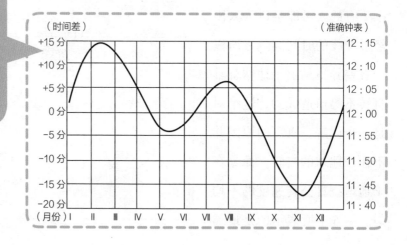

一周的一年之内，其自转次数应比一年的天数再多一天。
因此我们算出地球绕轴自转一周的实际时间为：

$$365\frac{1}{4} 昼夜 \div 366\frac{1}{4} = 23 时 56 分 4 秒$$

其实这样算出来的一昼夜时间适用于地球以任何恒星
为准绕轴自转一周的时间，所以它还被称作一个恒星日。

可见，一个恒星日比一个太阳日平均短 3 分 56 秒，
四舍五入我们一般记为 4 分钟。但是要注意，受以下因素
影响，这个时间差也不是永远不变：（1）地球绕日公转速
度不均匀，且公转轨道是椭圆而非正圆，因此在离太阳近
的地方速度较快，而在距离远的地方速度较慢，（2）地球
自转轴并不垂直于公转轨道平面，存在交角。因此，真正
的太阳时间和平均太阳时间也并非相同，只有在一年中的
4 月 15 日、6 月 14 日、9 月 1 日、12 月 24 日这四天里，
两种时间才相等。

而在 2 月 11 日和 11 月 2 日这两天里，恒量日和太阳
日的时间差最大，差不多达到 15 分钟。图 7 中的曲线表
示的正是一年当中各天真正太阳时间与平均太阳时间差的
变化情形。

你肯定还听说过北京时间、伦敦时间等表述，这是因
为在地球不同经度上的平均太阳时间也各有不同，每个城
市都有自己的"地方时间"。在火车站，人们常常特意区
分"本地"和"火车站"的时间，因为前者是城中各种钟
表显示的时间，是以当地的平均太阳时间为准，而后者是
全国统一规定的时间，常常以国家的首都或重要城市的当
地时间充当，火车的到达和开行都要依此时间。如在苏联

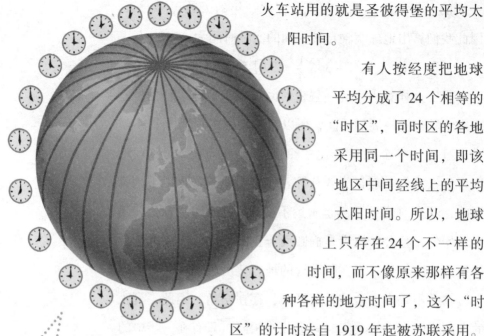

24 时区划分示意图

火车站用的就是圣彼得堡的平均太阳时间。

有人按经度把地球平均分成了 24 个相等的"时区",同时区的各地采用同一个时间,即该地区中间经线上的平均太阳时间。所以,地球上只存在 24 个不一样的时间,而不像原来那样有各种各样的地方时间了,这个"时区"的计时法自 1919 年起被苏联采用。

上面我们已经谈到了三种时间,分别是真正太阳时间、平均太阳和事件和地区时间。还有一种只被天文学家采用的时间,那就是第四种恒星时间,是以恒星日计算的一种时间。上面提到过,恒星日比平均太阳时间短大概 4 分钟,且在每年的 3 月 22 日互相重合,但是从其第二天开始,恒星时间就要比平均太阳时间每天早 4 分钟。

还有一种叫作"法令规定时间",属于最后的第五钟时间,比地区时间提前 1 小时,旨在调整每年白天较长季节(从春到秋)的作息时间,减少照明用电和燃料。苏联人民全年使用此时间作息,主要是为了均衡发电厂的负荷。而大部分西欧国家仅在每年春季使用,其实就是在春季半夜 1 点钟的时候把钟表拨到 2 点钟,秋季又拨回到 1 点钟。

昼长

要知道每个地方一年中任意日期的精确白昼时长，通过查找天文年历表可以计算出来。不过如果只为了应付日常应用，而只求一个大概的近似值，图8中的数据就足够了。图中左侧数字为当天白昼的小时数；图中下端的刻度则是太阳与天球赤道的角距，叫作太阳的"赤纬"，用度数表示；图中斜线为不同观测地点的纬度。

为了方便查表，下面列出一年当中一些特殊日期的"赤纬"（太阳与天球赤道角距），以供参考：

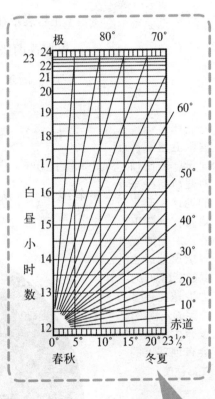

图8 推算昼长的图形示意图。

太阳赤道	日期
-23.5°	12月22日
-20°	1月21日，11月22日
-15°	2月8日，11月3日
-10°	2月23日，10月20日
-5°	3月8日，10月6日
0°	3月21日，9月23日

+5°	4月4日，9月10日
+10°	4月16日，8月28日
+15°	5月1日，8月12日
+20°	5月21日，7月24日
+23.5°	6月22日

（正号表示在天球赤道之北，负号表示在天球赤道之南。）

根据这两张图，下面我们试着做两道练习题。

［题］请求出处于纬度60°的圣彼得堡四月半的昼长时间。

［解］查上表得知，四月半的太阳赤纬是+10°。从图下端的10°一点作一条垂直于下边的直线，与纬度60°的斜线相交。从这个交点横对过去，得出左侧所求小时数，

这张卫星图片显示：在任何时候总有一半的地球表面是暴露在太阳下的。太阳的辐射能是地球主要的能量来源，为地球提供了充足的光和热，没有太阳就不会有地球上的生命存在。

地球面向太阳的一面

地球背向太阳的一面

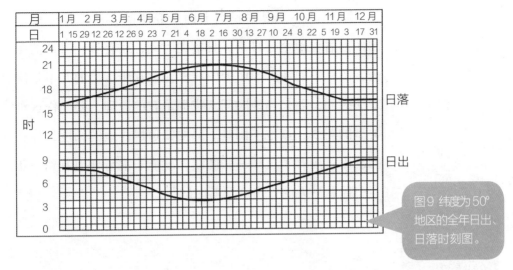

图9 纬度为50°地区的全年日出、日落时刻图。

大概是 14.5，即所求昼长时数约为 14 小时 30 分。这是一个近似值，因为该图表并没把"大气折光"的影响计算在内。

［题］请求出位于纬度 46° 的阿斯特拉罕在 11 月 10 日的昼长时数。

［解］与上题求法相同，11 月 10 日太阳在天球的南半球，太阳赤纬为 −17°，根据查表得知所求数字也是 14.5 小时。但这个数字不是昼长的时数，而是夜长的时数，因为赤纬为负数。因此所需昼长时数应为 24−14.5=9.5 小时。

根据这个我们还可以计算出日出的时间，即 9.5 小时折半，为 4 小时 45 分，从图 7 可以得知，11 月 10 日的真正中午是 11 时 43 分，所以我们要求的日出时间为：

11 时 43 分 −4 时 45 分 =6 时 58 分

所以这一天的日落时间是：

11 时 43 分 +4 时 45 分 =16 时 28 分，即下午 4 时 28 分

由此可见，有时候某些天文年历里表格可以用图 7 和图 8 来代替。

除此以外，根据我们上面所介绍的办法，你还可以制作出居住地全年日出、日落的时刻，还有昼长时数的图表，图 9 中如纬度 50° 的图线。注意它所指出的并不是法定的时间，而是当地时间。掌握了它的原理，要制作这种类型的图线一点也不困难。只要知道居住地的纬度，你就能制出，而有了这样一张图线，就能非常清晰地看到一年当中任意一天的日出、日落时间了。

图 10 这是根据赤道附近地区所照的相片绘制的，人在大太阳底下几乎没有影子。

神奇的影子

请仔细观察图 10，你能发现什么异常的情况吗？有读者可能已经发现了，图中的这个人白天在室外却几乎没有影子，很是诡异。其实这张图是根据某张实地拍摄的照片临摹下来的，也就是说这个画面真实存在，不过图中人所处的地方是赤道附近，而此时太阳正好在他头顶上方，也就是所谓的"天顶"。在离开赤道 23.5° 以外的地方，而太阳是不可能到达天顶的，所以这个画面也只有在小部分

夜里3点

午夜

晚上9点

上午9点

中午

下午3点

图 11 地球两极上的阴影在一昼夜内长度不变。

地区才能看见。

在每年的 6 月 22 日，太阳正好位于北回归线，即北纬 23.5°，对于我所在的地方是一年中太阳离我们最高的时候，而处于北回归线上的各地则在天顶。半年以后的 12 月 22 日，太阳到达南回归线，即南纬 23.5°，同理处于南回归线上的各地可以看到天阳在天顶。而南北回归线之间的地区，属于热带。一年当中太阳将有两次在天顶，而那个时候所有人或者物体的影子都在自己的脚下，因此看起来似乎没有影子，也就出现了图中这样神奇的情景。

图 11 中所画的，是在两极一天当中的影子状况，这并不是开玩笑，如你所看到的，这就是人同时拥有 6 个影子的情况。这个图表明了太阳在极地上的特点：在太阳光的照射下，人的影子长度在一昼夜内没有发生改变。这是

因为太阳在两极上一昼夜的运行路线几乎平行于地平线，而在其他地区，太阳会与地平线相交。但是这张图也出现了一个错误，那就是图中的影子比人的身长要短很多，这只有在太阳高度大概为 40° 时才会出现的情景，而在太阳不会超过 23.5° 的两极上是绝对不可能发生的。通过简单计算就可得知，两极上物体的影子肯定不会短于物体高度的 2.3 倍，对三角学有兴趣的读者不妨对此计算一下进行验证。

两列火车

［题］两列一样的火车一列从东往西，一列从西往东等速相对开出。请问哪列火车更重？

［解］从东往西那列火车更重一些（就是铁轨上的受压更大），因为它的行驶方向跟地球自转方向相反，由于向心力的影响，它绕地球自转轴运动的速度更小，所以它减少的重量会比另一列火车更少。

而确切的差额可以计算如下：

设两列时速 36 千米的火车在沿纬圈 60° 行驶，该纬度上的各地均以每秒 230 米的速度绕地球自转轴运动。则与地球自转方向相同的驶向东边的火车，其旋转速度等于每秒 230+10，即每秒 240 米。同理计算得出，另一列火车的旋转速度为每秒 220 米。

而在纬度 60° 的纬圈半径等于 3200 千米，所以前一列火车的向心力加速度

$$\frac{V_1^2}{R} = \frac{24000^2}{320000000} \text{ 厘米／秒}^2$$

后一列火车的向心力加速度等于

$$\frac{V_2^2}{R} = \frac{22000^2}{320000000} \text{ 厘米／秒}^2$$

两列火车向心力加速度的差等于

$$\frac{V_1^2 - V_2^2}{R} = \frac{24000^2 - 22000^2}{320000000} \approx 0.3 \text{ 厘米／秒}^2$$

又因为向心力加速度的方向跟重力的方向呈 60°，所以影响到重力的只是其中的一部分，等于

0.3 厘米／秒^2 × cos60° =0.15 厘米／秒^2

与重力加速度相比，为其 0.15/980，即大约 0.00015 或 0.015%。

这表明，往东行驶的火车与往西行驶的火车相比，它本身重量减轻了 0.015%。如果一列运载一辆机车和 15 辆货车的火车共重 400 吨，则它们之间的质量差为

400 吨 × 0.000015=0.06 吨 =60 千克

这个质量相当于一个成年人的体重。

如果再运用到排水量为 20000 吨的大轮船上，其差额相当于 3 吨。也就是说，一艘开往东边、时速 36 千米的轮船，比沿纬度 60° 开往西方的轮船轻 3 吨，意味着吃水线会更浅。

利用怀表辨别方向

在身边没带指南针的情况下，你该怎么辨别方向呢？如果有太阳的话，你就可以利用随身携带的怀表来达到这个目标。你只需把怀表平放，令时针指向太阳，时针与直线 6 — 12 的夹角的角平分线所指方向就是正南方。这个方法十分方便，在野外的时候很有用处。

其实利用怀表辨别方向的原理很简单，因为太阳在天上走完一圈需要 24 小时，而时针在表面上走完一圈需要 12 小时，这意味着后者运行的弧是前者的两倍。所以只需把时针走过的弧平分就得到太阳在中午所处的方向，即南方，如图 12。

图 12 用怀表找方向的简单方法，不是很精确。

这个方法固然很简便，但很不准确，误差有时甚至会达到几十度之大，这主要是由于怀表始终与地面平行，而太阳除了在北极运行时，其他时候都会与地平面存在一定角度，而在赤道上空，则是与地平面成直角。所以若非在北极上使用这个方法，否则肯定无法避免由此造成的误差。

请看图 13，假设 M 点是观测者所处位置，N 点为北

极点，圆 *HASNBQ*（天球子午
线）正好同时通过观测者的天
顶与天球北极，则通过量角器
对天球北极在地平线 *HR* 的高
度 *NR* 进行测量，不难求出观
测者处于哪个纬度。此时若观
测者站在 *M* 点上望向 *H*，则前
方就是南方。在图 13 所示的
情况下，如果我们从侧面观察

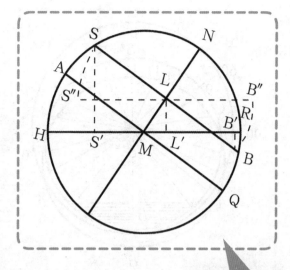

图13 用怀表
当指南针，为
什么得不到精
确的指示呢？

太阳在天空运行的轨迹，会发现那是直线而非弧线。这条
线被地平面 *HR* 分为两部分，在地平面上面的是白天所运
行的路线，而地平面下面的是晚上所运行的路线。每年的
春分和秋分这两天，太阳白昼和黑夜走过的路等长，如直
线 *AQ* 所示。而平行于 *AQ* 的直线 *SB* 是夏季太阳的运行路
线，它有大部分都在地平面上面，这意味着在夏天总是昼长
夜短。在其运动路线上，太阳每小时移动全长的 $\frac{1}{24}$，就是
$\frac{360°}{24}$=15°。但奇怪的是，根据计算，午后三点的太阳应
该落在地平面的西南方（15°×3=45°），但事实却非如此。
造成误差是由于太阳运行路线上相等的弧线在投射到地平
面以后，其影子并不相等。

我们不如直接用图 14 来对这个问题做进一步说明。
图中 *SWNE* 表示从天顶角度看到的地平圈，直线 *N* 表示
天球的子午线，*M* 点是观测者所处位置。太阳在空中运
行的圆形路径中心投影是 *L* 点，而非 *M* 点。假如我们把
这个圆形的运行路径转移到水平面上（例如图 13 中的

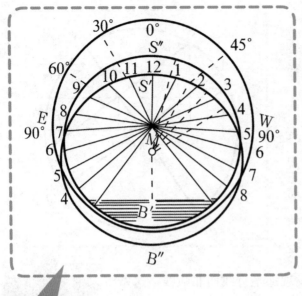

图14 图13的补充。

$S''B''$ 是 SB 转移得到），再把它平均分成 24 份，则每等份就是 15°。当我们把这个圆形路径恢复原来的位置时，把它投射到地平面上，就会得到一个中心点在 L 上的椭圆形（如图14所示）。我们在圆 $S''B''$ 上的 24 个等分点上分别作直线 SN 的平行线，得到椭圆上的 24 个分点，分别与太阳在一昼夜 24 小时的位置相对应。不过显然，这些分点之间的弧线都不相等，这个现象从观测者 M 点看来更加明显，因为 M 点在 L 点的旁边。

所以，通过计算，我们就可以求出夏天在纬度 53°的地方，用怀表辨认方向会造成多少误差了。在图14中，下面的阴影部分代表黑夜，所以日出时间为早晨 3 ~ 4 点钟。按照怀表辨认方向的原理，正午应该是在 6 点，但实际上太阳升到距离正南 90°的 E 点时间却是在 7 点半。还有当太阳距离正南 60°时，在 9 点半而非 8 点钟；当距离正南 30°时，在 11 点钟而非 10 点钟；当距离正南偏西 45°时，在 1 点 40 分而非下午 3 点。而太阳日落时是在下午 4 点半而非晚上 6 点钟。

有些怀表指示的是法令规定的时间，与当地真正太阳时间本就不一样，以此来辨认方向，出现的误差就更大了。

所以用怀表来指南虽然确实可行，但不太可靠。使用

这个方法而想使得误差最小的话，就只能选在接近春分、秋分和冬季的时候使用了。因为在春秋分时，观测者所处的位置偏心距为 0。

白夜与黑昼

在俄罗斯的传统文学中，有许多类似"白色的黑暗""空灵的光芒"等意境幽美的描述，其实写的都是关于圣彼得堡的白夜。每年的 4 月伊始，是圣彼得堡的"白夜季"，许多游人都会慕名前来观赏这个著名的景观，领略这奇幻的光芒。但如果我们从一个客观科学的角度看待它，白夜只是一个普遍存在于某些高纬度地区的天文现象。而其实质也与晨曦晚霞无异，普希金就曾在其作品中对此做过描写："天空与霞光交接，抵抗黑夜而留住金光"，这说明了白夜其实是晨曦和晚霞之间的衔接，因为在一些高纬度地区，有时候太阳的昼夜运行在地平线 17°以上，那么当地的晚霞还未消失而晨曦便已来临，所以黑夜就没有存在的时间了。

所以白夜并不是圣彼得堡独有的，在圣彼得堡更南边的一些地方，也一样可以看到这种晚霞和晨曦衔接的景象。例如在莫斯科的 5 月中旬到 7 月底的时期内，也可以看到白夜，只是要比同期的圣彼得堡暗一些。在圣彼得堡 5 月份就欣赏到的白夜要在莫斯科的 6 月和 7 月初才能看到。

极光是太阳风将带电离子吹到地球两极上空被地磁俘获而产生的一种特殊光学现象。极光经常出现的地方是在南北纬度67°附近的两个环带状区域内。

当时苏联境内可以看到白夜的最南地区是在北纬49°（北纬66°30′～北纬17°30′）上的波尔塔瓦，该纬度地区上的人们在每年的6月22日可以看到一次白夜。这一纬度以北的地区，白夜的时间和亮度随着纬度的增加而增加，例如古比雪夫、普斯科夫、基洛夫、喀山、叶尼塞斯克等城市。不过上述城市都在圣彼得堡南边，所以可以看到白夜的日子都比圣彼得堡少，而且光也不如圣彼得堡亮。在圣彼得堡北边有一个叫普多殊的城市，那里的白夜就比圣彼得堡更亮。而在离开日不没地区不远的阿尔汉格尔斯克，那里的白夜就更加亮了。而斯德哥尔摩的白夜则跟圣彼得堡差不多。

还有一种情况不只是晚霞和晨曦的交接，而是白天根本没有间断过，因为在有些地方太阳只是沿地平线边缘轻轻擦过，而并没有完全下落到地平线以下。这种现象可以在北纬65°42′以北的地区观赏到。如果再往北一直到北纬67°24′，还可以观赏到与"白夜"正好相反的"黑昼"，即晨曦和晚霞在中午而非午夜衔接，所以黑夜并不间断。可以看到"黑昼"的地区就是可以看到"白夜"的地区相同，它们的光亮程度也都一样，只是出现的季节不一样。如果一个地方在6月看到不下山的太阳，在12月就肯定有好几天看不到太阳升起。

光暗交替

小时候大概都以为太阳每天准时上山，又准时下山，而从白夜的例子中我们发现事实远没有那么简单。地球上的昼夜交替情况多样，而且光暗交替也很不一样，有些时候它们也并不相对应。为此，我们可以把地球分成五个地带，分别代表不同的光暗交替方式：

第一个地带是南北纬 49° 之间，此地带的每一昼夜分别对应真正的白昼与真正的黑夜。

第二个地带是白夜地带，在纬度 49° 和 65° 30′ 之间，包括苏联境内波尔塔瓦以北的地区，白夜出现在夏至前期。

第三个地带是半夜地带，在纬度 65° 30′ 和 67° 30′ 之间，此地带在 6 月 22 日前后会好几天出现太阳不落入地平线的现象。

第四个地带是黑昼地带，在纬度 67° 30′ 和 83° 30′ 之间，此地带在 6 月有极昼，在 12 月会出现黑夜不间断的情况，白昼被晨曦和黄昏代替。

第五个地带也是光暗交替最为复杂的，在纬度 83° 30′ 以上的地区。圣彼得堡的白夜只是打破了白昼和黑夜的正常交替，而在这个地带则完全不是一回事。此地带在夏至和冬至之间的半年内有五个阶段，或者说五个季节。阶段一为不间断的白昼；阶段二为白昼与为微光的交替，并没有真正的黑夜（与圣彼得堡的夏夜相类似），交替发生在半夜时分；阶段三为不间断的微光，而不存在真正的白昼和黑夜；阶段四基本处于微光状态，但每一天的半夜前后会比较黑暗；阶段五则是不间断的黑夜。而在下一个半年里，这五个阶段以相反的顺序重复。

在赤道另一边的南半球，情形其实也与北半球相同，不同纬度上的现象各不相同。而至于为什么我们似乎从未听说过关于南半球哪个地方有白夜这样的新闻，只是因为在对应纬度的那些地带都是一片汪洋。例如在南半球跟圣彼得堡纬度相等的纬线上，被海洋包围，连一块陆地都没有，所以大概只有那些前往南极冒险的航海家或探险家才有机会领略到南半球的白夜景象了吧。

北极谜团

［题］北极的探险家曾经发现过一个奇特的现象：在北极，太阳光照射到地面上并不会使地面发热，可是如果太阳光照射到竖立的物体时却热度很大。例如，房屋的墙壁和陡峭的山崖在阳光照射下会发烫，竖直的冰山会快速融化，木船舷上的树胶也会很快融化，人的皮肤更很容易被晒黑或晒伤。

你能否对以上现象做出解释？

［解］在物理定律上，如果太阳光越接近垂直地照射

到物体表面上，其作用会越明显。虽然在北极区的夏天，太阳所在位置都比较低（在北极圈内的地区，其高度不会超过45°），但这也意味着，对于那些垂直于地平线的直线来讲，太阳光与它们的角度就必然大于45°，因此其相对太阳高度角就比较大。

这是北半球夏季格陵兰冰盖部分融化的情形。

自然，太阳光照射在所有竖立物体表面时，其作用就非常显著了。

四季始于哪天

到了3月21日这一天，无论是狂风暴雨，还是冰雪漫天，又或者是早已温暖如春，在天文学上这一天都算作是冬季的结束和春季的开始。但是很多人并不明白，选这一天作为春冬交界的依据是什么？

其实天文学角度上的春季开始，并不取决于变幻莫测的大气气候。就时刻的到来而言，同一时间在北半球只有一个地方迎来了春季的降临，所以很明显，气候特征在这一方面上并不怎么与之相关，而且整个北半球也不可能有相同的气候状况。

而实际上，与气象学当中的各种现象无关，天文学家在选定四季开始的日期时，关注的只是中午太阳高度角、白昼长短等纯天文学上的现象，气候只属于附带的情况。

而 3 月 21 日这天与众不同在于这天的光暗分界线正好通过地球的两极。你可以做这样一个实验，用灯光照向地球仪，使地球仪被照面的分界线正好与经线重合，并垂直于赤道及所有的纬线圈。然后转动地球仪，你就会发现地球表面任意一点转动时的圆周轨迹中正好被黑暗与灯光平分。这说明了每年的这一个时刻，地球表面的每个地方都正好昼夜等长。所以当天的白昼必定是一昼夜的一半，即 12 小时。全球各地在这一天都在地方时间的早晨 6 点日出，晚上 6 点日落。

因此，全球各地昼夜等长的 3 月 21 日在天文学上又被称作"春分"，而半年以后还将迎来另一次昼夜平分的 9 月 23 日，称作"秋分"。春分是冬春之交，而秋分则是夏秋之交。还要注意，南北半球的季节是正好相反的，当北半球是春分的时候，南半球正好是秋分。反之南半球的春分时节也是北半球的秋分时节。当赤道的一侧正在冬春交接时，它的另一侧正是夏秋的换季。

而一年之中昼夜长短的变化情况如下：从 9 月 23 日到 12 月 22 日为止，北半球的白昼逐渐变短；而从 12 月

22 日到 3 月 21 日，白昼又逐渐变长，期间白昼始终比黑夜要短。而从 3 月 21 日到 6 月 21 日，白昼逐渐变长；从 6 月 21 日到 9 月 23 日，白昼逐渐变短，不过期间白昼始终比黑夜要长。

对北半球的所有地方，以上所说的四个日期是天文学上四季的开始和结束。下面再把它们列出来：

3 月 21 日——昼夜等长——春季的开始，

6 月 22 日——白昼最长——夏季的开始，

9 月 23 日——昼夜等长——秋季的开始，

12 月 22 日——白昼最短——冬季的开始。

南半球情形正好相反，亦可类推。

以下向读者提问几个问题，请仔细思考，有助于对上述所说进行理解。

[题]

1. 地球的哪些地方全年都昼夜等长?

2. 今年 3 月 21 日塔什干的地方时间几点日出? 同一天上海的日出时间呢? 南美洲阿根廷的首都布宜诺斯艾利斯又是几点日出?

3. 9 月 23 日新西伯利亚地方时间几点日落? 纽约呢? 好望角呢?

4. 8 月 2 日赤道几点日出? 2 月 27 日呢?

5. 7 月有没有严寒? 1 月有没有酷暑?

[解]

1. 赤道全年昼夜平分,因为光暗分界线总是会把赤道平分。

2、3. 在 3 月 21 日和 9 月 23 日,全球各地都是 6 点日出,18 点日落。

4. 赤道全年日出时间为 6 点钟。

5. 在南半球的高纬度地区,可能存在 7 月的严寒和 1 月酷暑。

三个假设

有时候,当我们要对一些习以为常的现象进行解释的时候,常常会感到难以下手,似乎比解释那些特殊的事物还要困难。例如当我们非得再尝试用七进制或者十二进

制的时候，才意识到从小就学会的十进制计数法是多么简便；又或者只有我们在开始接触非欧几里得的几何学时，才察觉到欧几里得几何学的优点。而在天文学中，人们也常常通过对地心引力做一些假定的变化，以更好地了解它在生活中的作用。因此我们不妨也使用"假如"的方法，来对地球绕日运行的情形做一个更好的解释。

我们在课本上学到过，地球运行轨道所在的平面与地轴夹角大约为 3/4 个直角，即黄道夹角 66° 34′。下面我们来做个假设，如果这个角度就为 90°，即我们想象地轴垂直于地球运行轨道的平面，会对我们的世界产生怎样的影响呢？

假设地轴垂直于地球公转轨道所在平面

实际上，这个假设也曾在凡尔纳的幻想小说《底朝天》中被炮兵俱乐部会员提出过。小说中的炮兵军官企图"把地轴竖起来"，使地轴与地球公转所在平面的夹角变为直角，如果这个假设成立，自然界会发生什么不一样的地方呢？

首先产生变化的是小熊座 α 星，也就是如今地球上看见的北极星，将不再是"北极星"了。因为随着上述夹角的改变，整个星空都将会绕空中的另外一个点旋转，这意味着这颗星将不再落在地轴延长线附近了。

第二件改变发生在四季的交替上，或者应该说，四季交替将会消失。解释这件事让我们先从现在季节交替的根据说起。一个最为简单的问题：你知道为什么夏天会比冬天热吗？

以北半球为例，夏季比冬天更热的原因在于以下几点：第一，因为地轴与公转轨道的平面是有角度的，所以地轴的北端会离太阳更近，因此白天比黑夜更长。所以太阳照射在地面上的时间本身就比较长，而且由于夜晚太短，地面没有足够的时间散热，就造成了吸热多，散热少的状况。第二，同样是因为地轴与公转轨道平面有夹角，所以太阳光线与地面所成的角度也更大，这意味着，夏天地面接收太阳的照射不仅时间更长，而且程度更大。而冬天却是恰恰相反，不但时间更短，程度更小，而且夜晚还有更多的时间散热。

在南半球其实也一样，只不过发生在 6 个月以后（或者以前）。而冬夏之外的春秋两季之所以气候相似，是由于南北极与太阳的相对位置一样，地球的光暗分界线与经线几乎重合，所以白天跟黑夜的时间几乎等长。

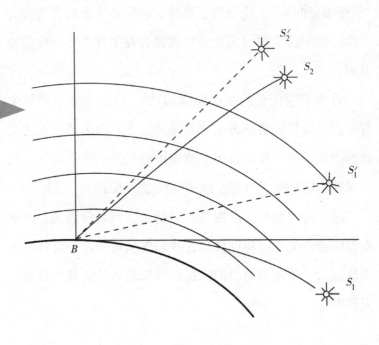

图 15 大气折光作用。从天体 S 射出的光线，穿透地球上的大气层，在每层大气中都要受到折射而偏向。所以，观察者 B 所看到的光线，仿佛是从 S′ 点上射来的。

但是一旦地轴垂直于公转轨道平面，四季变化都将消失。因为此时地球与太阳的相对位置永远固定，也就是说，地球上的所有点永远只处在一个季节当中，相当于我们现在的春季或秋季。全球各地将永远昼夜等长，如同我们现在的 3 月和 9 月下旬，或者在木星上的情况。

这个变化将在如今所说的温带中比较显著，在热带则改变不明显，而在两极上气候将与现在相差甚远。因为由于大气的折光作用，两极上的天体位置都会微微提高（如图 15），所以太阳将一直在地平线上浮动而不落下，换句话说，也就是两极上永远都是白昼，说准确点，是永远都将处于早晨。虽然那时太阳会一直处于一个较低位置，斜射无法带来很大的热量，但由于全年持续的照射，现在严寒的极地气候也将变得温暖和煦，这也算是地轴竖直所带来的唯一好处，不过这毕竟无法弥补改变对地球其他地区造成的不良影响。

假设地轴与地球公转平面夹角为 45°

我们不妨再做一个假设：这一次地轴与公转平面的夹角不再是直角，而是直角的一半，即 45° 角。在这个改变之下，春秋分日将依然和现在无异，是昼夜平分。但在 6 月，太阳将处于纬度 45° 的天顶，而不再是 23° 30′，所以那时的纬度 45° 将会出现热带的气候。而在圣彼得堡所在的纬度 60°，太阳距离天顶也只有 15°，但在这个太阳高度下，当地的气候也与真正的热带无异了。同时，温带将会消失，热带与寒带直接相连。在整个 6 月，莫斯科、哈尔科夫都将处于极昼。冬季恰恰相反，在整个 12 月，

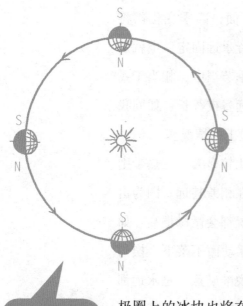

图16 假设地轴就处于地球公转平面上，地球怎样绕着太阳旋转？

莫斯科、基辅、哈尔科夫、波尔塔瓦等城市都一直是极夜。而热带在冬季会出现温带气候，因为中午太阳将在45°以下。

所以这个假设将给热带和温带带来不少损失，只有极地地区受到了一些恩惠：在经过比如今要更加严寒凛冽的冬季以后，两极会迎来如温带一样的温暖夏季，中午太阳高度也将达到45°，并历经整整半年。因此，北极圈上的冰块也将在温暖的阳光照射下慢慢融化消失。

假设地轴就处于地球公转平面上

第三个假设更加疯狂，假设如同太阳系遥远的天王星一样，地轴就处在公转的平面上（图16），地球同时"躺着"围绕太阳旋转和绕轴自转，又将带来什么新的变化呢？

那将会出现长达半年的白昼与长达半年的黑夜。在这半年的白昼里，太阳将逐渐沿一条螺旋线从地平线上升到天顶位置，再沿螺旋线降落到地平线之下。昼夜交替之时则会出现连日不断的微明，因为在尚未完全落入地平线的时候，太阳会一连几天起伏于地平线附近，同时围绕天空旋转。在夏季，那些冬天积累的冰雪都将迅速融化消失。

中纬度的各地，白昼将会从春季开始变长，直至出现极昼。

前面提到过，这种运行情况跟天王星很类似，因为它的自转轴与它绕地球公转的轨道平面夹角仅有8°，你也

可以把它看作是"躺着"绕太阳公转的了。

在这三个假设之下，我们大概对地轴倾斜度与气候情况的关系有一个比较清晰的了解了。看来"气候"一词在希腊文中作"倾斜"意，并非偶然。

再做一个假设

下面我们来看一下关于地球公转的轨道形状。与其他行星一样，地球运行也遵从多普勒第一定律：行星运行在椭圆的公转轨道上，而太阳处于此椭圆的焦点位置。

问题是，地球公转的这个轨道到底是个怎样的椭圆形？与圆形有什么区别？

中学的教科书往往都把地球的公转轨道画成一个两头拉得很长的椭圆形，令许多人造成了误解，以为实际上这个轨道就是这样一个标准意义上的椭圆形。但事实并非如此：地球公转轨道与圆形的区别极为微小，以至于当它被画在纸上的时候，你会看到那就是一个圆形。即使我们把这个椭圆轨道画成直径一米，你也还是无法看出它哪里不像圆形。因此，对于人们来说，即使你有如同艺术家一般的超强判断眼力，也不能把这种椭圆形与圆形做出区分。

如图 17，在几何学上，*AB* 是图中椭圆的"长径"，*CD* 是"短径"。除了"中心" *O* 点以外，在长径上有两

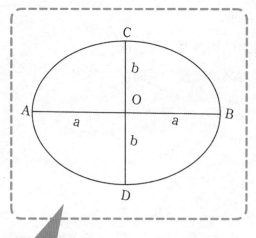

点关于中心对称的"焦点"。如图18，以长径的一半 OB 为半径，以短径一端点 C 为圆心，画一条弧线，与长径 AB 相交于 F 和 F_1，这两点便是椭圆的焦点。OF 和 OF_1 相等，一般记作 c，长径和短径的长度分别用 2a 和 2b 表示。半长径的长度 a 除以长度的 c，$\frac{c}{a}$ 表示椭圆形伸长的程度，称为"偏心率"。椭圆形的偏心率越大，其与圆形的区别越大。

因此，只要我们知道地球公转轨道的偏心率，就可以确定它的形状。这个偏心率并不要求我们知道轨道的大小，既然太阳在椭圆轨道的一个焦点上，所以包括地球在内的轨道各点与之距离都不相等，这也是为什么我们在地球上看到的太阳似乎时大时小。但是这个大小的比例与观测时地球与太阳的距离比例有关。假设在 7 月 1 日，太阳正处于图 18 中的焦点 F 上，而地球处于 A 点，那时我们所能看到的太阳最小，视直径为 31′28″。而当

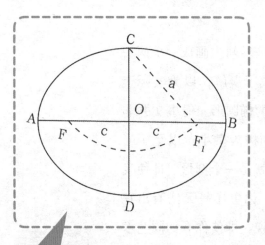

地球处于 B 点，大概是 1 月 1 日时，我们所看到的太阳最大，视直径为 32′32″。由此，可得出比例式：

$$\frac{32'32''}{31'28''} \approx \frac{AF_1}{BF_1} = \frac{a+c}{a-c}$$

由此比例可得：

$$\frac{32'32''-31'28''}{32'32''+31'28''}=\frac{a+c-(a-c)}{a+c+(a-c)}$$

即

$$\frac{64''}{64'}=\frac{c}{a}$$

所以

$$\frac{c}{a}=\frac{1}{60}\approx0.017$$

因此所求的地球公转轨道偏心率应为 0.017。我们不难发现，要确定公转轨道的形状其实只需测出太阳圆面的视直径。

我们可以用下面的方法来验证这个椭圆轨道与圆形区别甚微。假设我们把公转轨道画成一个半长直径为 1 米的大椭圆，则其短径为多少？由图 18 的直角三角形 OCF_1 可得：

$$c^2=a^2-b^2$$

或

$$\frac{c^2}{a^2}=\frac{a^2-b^2}{a^2}$$

而 $\frac{c}{a}$ 是地球轨道的偏心率，等于 $\frac{1}{60^2}$。于是将 a^2-b^2 化成 $(a-b)(a+b)$，因为 a 约等于 b，可以将 $(a+b)$ 用 $2a$ 表示，代入上式，得到：

$$\frac{1}{60^2}=\frac{2a(a-b)}{a^2}=\frac{2(a-b)}{a}$$

因此，$a-b=\dfrac{a}{2\times60^2}=\dfrac{1000}{7200}$

即小于 $\frac{1}{7}$ 毫米。

可见，即使在如此之大的图上，椭圆轨道半长径与半短径竟然相差不过 $\frac{1}{7}$ 毫米，比最细的铅笔线还要小，所以把它画成一个圆形也并不为过。

那么在这张图上，太阳又到底处于哪里呢？既然是轨道焦点，它离中心有多远呢？其实我们想要知道的，就是图中 OF 或 OF_1 等于多少？通过以下的简单计算可以得到：

$$c = \frac{a}{60} = \frac{100}{30} = 1.7$$

可见，太阳中心应该画在距离轨道中心 1.7 厘米的地方。但假如我们把太阳画成一个直径 1 厘米的圆，恐怕也只有艺术家能发现它没有处在轨道中心之上。

所以我们在画地球公转轨道的时候，不妨把太阳画成一个在轨道中心的圆圈。

虽然太阳所处的位置有那么细微的偏差，但如果我们还是想探究它会不会因此对地球上的气候造成影响，还是可以采取上述假设的办法。假设地球公转的椭圆轨道偏心率增加到 0.5，这意味着此时椭圆的焦点正好平分它的半长径，此时椭圆明显更扁更长，形状有点像个鸡蛋。这当然只是假设，实际上，太阳系中偏心率最大的行星轨道是水星的，其偏心率也不过 0.2 而已（不过有些小行星和彗星会在更加扁长的椭圆轨道上运行）。

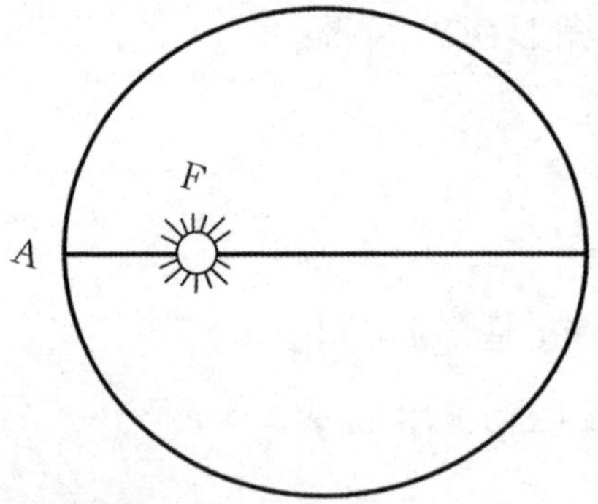

图19 太阳位于焦点 F 上，如果地球轨道的焦点在半长径的中点上，地球轨道是什么样的形状？

假设地球公转轨道变得更加扁长

假设地球公转的椭圆轨道变得更加长，且其焦点平分其半长径，如图 19。假定地球还是在 1 月 1 日这天位于离太阳最近的 A 点上，7 月 1 日位于离太阳最远的 B 点上。由于 FB 是 FA 的三倍，因此太阳在 7 月与我们的距离将是 1 月的 3 倍，而太阳视直径在 1 月是在 7 月的 3 倍。由

于地面受到的热量与距离平方成反比，所以地面在 1 月接受的热量将会是 7 月的 9 倍。这就是说，在北半球的冬季里，太阳高度较低，并且昼短夜长。但由于与太阳的距离变近，得以弥补照射的不利，因此天气不再那么寒冷。

还要注意的是，根据多普勒第二定律，同样的时间里轨道动径所扫过的面积相同。"轨道的动径"是指连接太阳与行星的直线，就我们所探究的问题来讲，即连接太阳与地球的直线。当地球在沿公转轨道运行时，动径会随之移动，移动过程中会扫过一些面积，根据多普勒定律，这些面积在相等的时间内也是彼此相等的。根据这个原理，为了保证所扫面积相等，在相等时间内，我们不难推出地球在运行到距离太阳较近的时候要比较远的时候更快，因为前者比后者的动径更短，如图 20。

图20 多普勒第二定律：如果弧线 *AB*、*CD* 和 *EF* 是行星在相同时间内所经过的距离，那么图上阴影部分，哪几块应该相等？

因此，在刚刚我们所假定的情况当中，地球在 12 月到 2 月，距离太阳最近，其运行速度也要比在 6 月到 8 月的时候更快。这也就是说，北方的冬天过得快，而夏天则被延长，因此地面也会从太阳那里得到更多的热量。

我们根据以上结论可以确定如图 21 所示的季节长短图例。这个椭圆形就是我们刚刚假设的偏心率为 0.5 的地球公转轨道。轨道上被 1–12 点分割出的 12 段，分别代表地球在相等时间内运行的路程。多普勒定律告诉我们，图中 12 块由这 12 点与太阳连线的动径分割的面积应该彼此

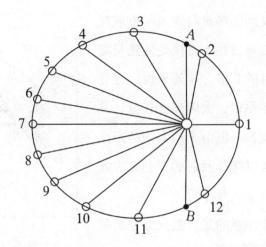

图 21 假设地球轨道是扁长的椭圆形，它是怎样运动的？其中，连续两个数字之间的距离都是在 1 个月之内所走的。

相等，即地球上的 1 月 1 日在点 1 上；2 月 1 日在点 2 上；3 月 1 日在点 3 上，如此类推。由此可发现，春分（A）在 2 月上旬，而秋分（B）在 11 月下旬。所以我们也可以说，北半球的冬季是从 12 月底开始，2 月初结束，不超过 2 个月，对于北半球的各地，从春分到秋分，会有长达 9 个半月的昼长太阳高的时节。

而在南半球则是完全不一样的情形了。在白昼较短，太阳位置较低的时候，地球离太阳很远，而且其照射到地面的热力只有往常的 1/9。而在白昼较长，太阳位置较高的时候起热力却有 9 倍。南半球的冬季要比北半球更冷更长，夏天却更热更短。

这个假设还会带来一个后果，由于地球在 1 月运行速度较快，所以真正中午和平均中等相关的时间比较大，可以达到相差 1 小时。所以对于人们来说，作息时间会不太习惯。

由这个假设，我们就可以发现太阳偏心位置带来的影响：会使得北半球的冬季比南半球更短而且更暖和些，夏季则相反。其实我们也可以自己观察到这些现象，因为地

球在 1 月比 7 月距离太阳更近，大约近 $2 \times \frac{1}{60}$，也就是近 $\frac{1}{30}$；所以地球在 1 月里的受热量是 7 月里的 $(\frac{61}{59})^2$ 倍，北半球的冬天也就因此相对较温暖。而且，北半球的秋季和冬季天数加起来还要比南半球的少 8 天，而其春季和夏季天数加起来却要比南半球长 8 天，也许这就是南极为什么冰雪比北半球更多的缘故。下表为南北两半球四季的持续天数：

北半球	持续天数	南半球
春季	92 日 19 时	秋季
夏季	93 日 15 时	冬季
秋季	89 日 19 时	春季
冬季	89 日 0 时	夏季

明显看出，北半球的夏季比冬季多约 4.6 天，而春季则比秋季多了 3 天。

不过北半球的这个优势并不是永久性的，要知道，地球轨道的长径会在空间中逐渐移动，使得椭圆轨道上距离太阳最远和最近的点都发生改变。移动循环一周的周期为 21000 年。通过计算我们知道，只要等到公元 10700 年，上述北半球的这个优势就将转移到南半球中去。

其实地球公转轨道的偏心率也同样在慢慢改变，将从近乎圆形的 0.003 变到类似火星轨道那么扁长的 0.077。目前地球公转轨道的这个偏心率是在逐步持续减少中，直到 24000 年后减少到 0.003 时又增大，再持续 40000 年。不过对于目前的我们而言，这些缓慢变化和移动都只算是理论层面上的意义。

我们何时离太阳更近: 中午还是黄昏

假如地球绕日公转的轨道是个真正的圆形,则上面这个问题很好解决:我们肯定在中午的时候离太阳比较近,因为由于自转,地球上的点正对太阳。例如在赤道上的个点,中午与太阳的距离比黄昏时要少 6400 千米(地球半径的长度)。

问题是,地球的公转轨道是椭圆形的,太阳正好位于它的焦点上(如图 22)。所以,地球与太阳的距离并不固定。在上半年的地球逐渐远离太阳,而下半年又逐渐接近太阳。其中最大距离和最小距离的差达到

$$2 \times \frac{1}{60} \times 150000000 \text{ 千米, 即 } 5000000 \text{ 千米。}$$

图 22 地球绕太阳公转示意图。

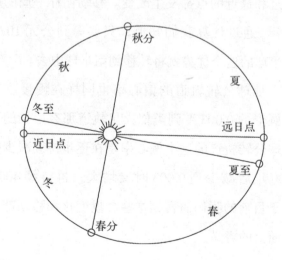

地球与太阳的距离变化，大约为平均每昼夜 30000 千米。所以，从中午到日落的过程中，各地距太阳的距离平均变化大约为 7500 千米，稍大于地球因自转带来的距离变化。

因此，上述问题的答案应为：从 1 月到 7 月，我们在中午离太阳更近；从 7 月到 1 月，我们在黄昏离太阳更近。

再加 1 米

[题] 地球是在距离太阳 150000000 千米的地方绕其公转，如果我们把这个距离加 1 米的话，假设地球公转速度均匀，公转的路程会增加多少？一年的天数又会增多几天？（图 23）

[解] 1 米虽然是个很小的数值，但是公转轨道的全长则是非常庞大的数目，因此我们一般会认为，这 1 米所造成的影响是显著的，会使轨道的全长和天数都增加不少。

然而经过计算，却发现情况并不如我们所设想的，实

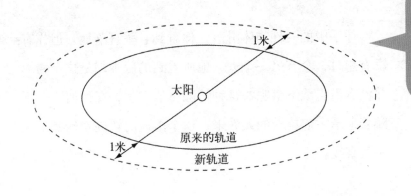

图 23 如果地球与太阳之间的距离增加 1 米，地球轨道会加长多少？

在有点异常。其实，这很正常，影响理应就是那么小。因为两个同心圆的圆周长之差，与其半径差有关，而与半径本身的长度无关。我们可以在屋中的地板上画出两个半径相差 1 米的圆，则它们的圆周长之差和宇宙中那两个巨大的圆周长之差是一模一样的。

如果你还不明白，下面可以用几何学来为你证明一下。假定地球轨道是个半径为 R 米的圆形，则其圆周长为 $2\pi R$ 米。如果把半径增加 1 米，则新圆周的长度为 $2\pi(R+1)=(2\pi R+2\pi)$ 米。因此增加的长度只是 2π 米，即 6.28 米，可见并不与它的半径长有关。

因此，如果地球与太阳的距离增加 1 米，则地球绕太阳公转的路程增加 6.28 米，而因为地球在轨道运行的速度为每秒钟 30 千米。因此，在一年当中只增加了 0.0002 秒的时间，这两个小数值对于巨大的公转系统来说，是微不足道的。

不同角度看运动

你手中的一件物体滑落，你看到它垂直落地，但你有没有想过，会有另一个人，他所看到的版本却是这个物体并没有沿直线下落呢？这种情况可能发生，在任何一个不随着地球一起旋转的人看来，这个落地的轨迹就确实不是一条直线。

一个重物在 500 米的高空做自由落体，在下落过程中，此重物其实也参与了地球上的所有运动，而由于作为观测者的我们自身也同时在参与这些运动，所以我们从来也没有意识到重物下落时所附带的这些运动。假如我们能够撇开这些地球的附带运动，就能清楚看到重物下落并非沿垂直的直线，而是一条不一样的路径了。

例如当我们从月球上来看这件重物下落的时候就是这个情况了，因为月球虽然与地球一起绕太阳公转，却并不与地球一起绕轴自转。所以假定我们是在月球上观察重物下落的情况，就会明显发现有两种运动的存在：一种是垂直下落，一种则是从未察觉到的与地面向东相切方向的运动。力学的定律可以把这两种同时进行的运动相结合，但由于自由落体的运动速度是不均匀的，而另一个运动是匀速的，所求和运动的轨迹必定会变成一条曲线，如图 24 所示。

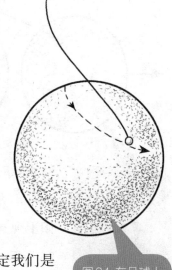

图24 在月球上观察的人看起来，物体下落的路线却是一条曲线。

我们再做一个假设：假设我们在太阳上以一个极高倍数的望远镜观察地球上一重物自由下落的情况。此时我们不但没有参与地球的绕轴自转，也没有参与它围绕太阳公转的运动，因此我们会看到这个过程中包含的三种运动（图25）：

1. 往地面垂直下落；
2. 往东与地面相切的方向运动；
3. 围绕太阳旋转。

第一种垂直下落的运动路程为

图25 地球上自由落下的物体，同时沿着与地面相切的方向运动。

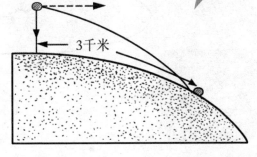

3千米

047

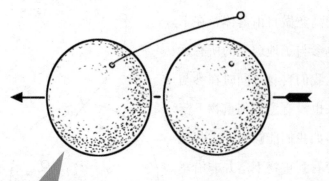

0.5 千米，由此算出物体下落用时 10 秒钟，所以第二种运动路程依莫斯科纬度计算为 0.3×10=3·千米。第三项运动速度为 30 千米每秒，因此在这短短的 10 秒内，这个重物沿公转轨道运行的路程为 300 千米，明显大于前面两种运动，所以如果我们真的站在太阳上观察，只能察觉到这效果最明显的第三种运动。如图 26 所示（此图比例尺并不标准，因为地心在 10 秒钟之内最多移动 300 千米，但从图中看来，却是已经移动了约有 10000 千米，地球往左边运动了一段距离，而下落重物从右边地球到右边地球位置的改变只是稍稍下降了一点。

如果我们再假设在地球、月球、太阳之外的某个星球上观察这个运动，将发现还有一种运动。这种运动应该是与该星球相对的一种运动，其方向和大小由太阳系和这个星球的相对运动情况决定。图 27 中所假定的星球，也是在太阳系当中运动，并以每秒 100 千米的速度，与地球公

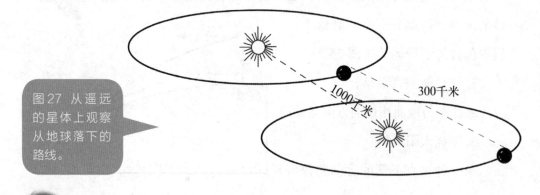

1000千米

300千米

转轨道相交成某锐角运动。如果这种运动要在短短 10 秒里使下落的重物沿该方向移动 1000 千米，则其运动的路径会变得很复杂。当然如果我们再换一个星球进行观察，则又会是另外一种路线。

讨论了这么多种情况，也许你还想提出这个问题：假如观察者是站在银河系之外时情况又会怎样呢？因为在那个时候，观察者并不会参与到银河系与其他宇宙的任何相对运动之中了。但其实讨论到这里就足够了，因为相信你早已清楚，从不同角度去观察一个物体下落，所看到的路线都是不一样的。

非地球的时刻

如果你工作 1 小时，然后休息 1 小时，是否这两个时间相等呢？相信大家都会回答，在准确的钟表测定下，当然是相等的。那你知道准确的钟表是怎样的呢？最准确的钟表莫过于根据天文观测结果来校对的钟表，因为这与地球完全均匀的旋转运动相一致，这意味着，在相同时间内，地球旋转过的角度也是相等的。

然而，说地球均匀旋转的依据在哪呢？为什么在经过连续的自转以后，时间依然相等呢？要弄明白这个问题，我们就不能继续把地球的自转作为计时的标准。

基于此，近年来也有天文学家提出在一些特定情况下，应该用特殊的标准测量时间，而不再应用传统的以地球均匀自转作基准的测定方法。

因为在我们对其他天体的运动进行研究的时候，发现有些天体在实际中的运动与理论上的结果有偏差，并且这种偏差无法用天体力学规律得到解释。这些无法解释的偏差，它们存在的范围已经包括了月球、木星的第一和第二卫星、水星，甚至是太阳的周年视运动，即地球的公转运动。例如月球与理论路线上的偏差角有时已可以达到 $\frac{1}{4}$ 分，而太阳的偏差角也有 1 秒。通过分析，可以发现它们存在共同的特点：这些所有的运动在某些时期会暂时变快，而在之后的时期，又会突然变慢。可见，引发这类偏差的原因应该是相同的。

那到底这个共因是由于我们钟表的不够准确，还是来源于地球的自转本身并不均匀呢？

因此，有人认为要放弃"地球钟"，而采用其他自然钟来测量运动。这里所说的自然钟，是指根据木星某卫星的运动，或者根据月球或水星的运动来校准的钟表。经过实践，采用自然钟以后，上述天体运动又回到了令人满意

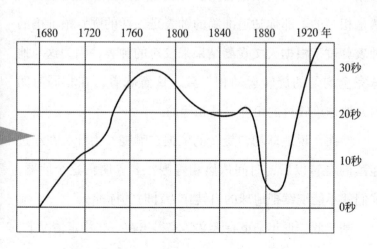

图28 这条曲线是1680—1920年地球上一昼夜持续时间的变化，曲线上升则表示一昼夜的时间加长，也就是说地球自转速度减慢，曲线下降表示地球自转加快。

的正确方向。但是如图 28，新的自然钟所测定的地球自转就变得不均匀，在几十年内它转动会变慢，而在后来的几十年内，又会突然加快，而后又变慢。

由此可见，假若其他天体，譬如太阳系内的其他各天体的运动是均匀的，则地球的自转运动就是不均匀的运动。其实地球的运动与准确的均匀运动的偏差还是比较小的：在 1680 年到 1780 年，由于地球自转变慢，日子变长，所以与其他星球运动的时间相差达到 30 秒；但到了 19 世纪中期，自转变快，日子又变短，所以差额减少 10 秒；在 20 世纪初期，又减少了 20 秒。不过到了 20 世纪的前 25 年里，地球自转又重新变慢，日子再次变长，所以直至今日（作者别莱利曼著本书时）这个时间差又达到了大约 30 秒。

这种变化的原因还没确定，不过估计可能包括了月球的引潮力以及地球直径的变化等，如果在不久的将来这个奥秘被揭开，将成为一个非常重要的发现。

年月开始于何时

当莫斯科钟声响过十二下宣示元旦来临的时候，莫斯科以西的地区仍然处在前一年的尾巴，而莫斯科以东的地方则开始了全新的一年。是的，既然我们的地球是个球体，则东边和西边总会相接，那有没有这样一条界线，可以帮助我们区分新年和除夕、1 月和 12 月，让我们知道全新的一年从哪开始呢？

这条界线当然存在，它通过了白令海峡，又曲折地穿过太平洋，它被称作"国际日期变更线（国际日界线）"，是由国际协定规制的。

地球上所有年月日的交替，便是从这样一条穿过太平洋无人地区的日界线上开始的。这是全球最早进入全新一天的地方，我们所有的年月日都从这里生出，仿佛这是一道门供所有的日子进入，它们走出这道门以后，一路向西，环绕一周，而后又重新回到这诞生的地方，落入地平线，然后消失不见。

亚洲乃至整个欧亚大陆最东边的杰日尼奥夫角，比世界上所有国家的各地要提前迎接新一天的到来。每一个全新的一天从白令海峡诞生之后，就是从这里进入到有人居住的世界，在环绕地球一周的 24 小时之后，这一天便也从这里告别世界。

日期的更替发生在这条日界线之上，然而当初环游世界的航海家时代却还没有确定这条线，因此日期也变得很混乱。一个名叫安东·皮卡费达的人曾随麦哲伦一起周游世界，他曾记下过这么一些话：

今天是 7 月 19 日星期三，当绿角岛出现在我们眼前的时候，我们决定下锚上岸，我们都有写航行日记，但是不知日期是否没错，所以要上岸打听。奇怪的是，当我们询问今天星期几的时候，都被告知今天是星期四，但是根据我们日志的记录顺序，今天应该只是星期三啊。我们都

认为不可能错一天的时间……

之后我弄清楚，原来我们计算日期的方法没有错，不过由于我们在往西方航行，相当于追随着太阳运动，所以又回到了最初的地方，当然就应该比当地人少过了 24 小时。当我们想到这点的时候，就明白了。

现在的航海家在穿过日界线的时候又是怎么处理这种情况的呢？为了不使日期混乱，如果航海者是自东往西经过这条线的，就应该把日期加一天；反之如果是自西向东经过这条线的，就要把日期减一天。例如某月 1 日过去以后第二天仍然算是某月的 1 日。由此我们可以知道，儒勒·凡尔纳在他的小说《八十天环游世界记》里提到的事情是不真实的，因为他说当旅行家环游世界又回到自己故乡时是星期日，但当地却还只是星期六，这样的情况只会发生在麦哲伦还没有确定日界线的年代。还有爱特加·波特所说的"一星期有三个星期天"的笑话在现在看来也是不可能的。这个笑话说的是一个水手自东往西周游世界一圈后回到故乡，碰到一位刚自西向东周游世界回来的老朋友。他们两人一个说昨天是星期天，另一个说明天才是星期天，而一个一直住在原地的朋友则告诉他们，当天就是星期天。

当你周游世界的时候不想像上面两个人一样弄混日期，应该这样做：在往东走的时候把同一日期计算两次，让太阳追上你；而在往西走的时候，则应该跳过一天追上太阳。这些事情说出来都非常简单，但在今天，即使早已不是麦哲伦的时代，却依然有人并不清楚。

二月有几个星期五

[题] 二月最多可能有几个星期五？最少呢？

这个问题想必你从来没想过，但你仔细思考后，再核对正确答案，这个答案很可能在你意料之外。

[解] 你很有可能回答二月最多有 5 个星期五，最少有 4 个。因为假如闰年的 2 月 1 日正好是星期五的话，那 29 日也是星期五，所以就一共有 5 个星期五了。

可是如果我告诉你，正确答案比你给出的答案还要多出一倍，你应该会很惊讶吧。请看下面一个例子。

假设有一艘轮船，每个星期五从亚洲海岸出发，航行在西伯利亚东海岸和阿拉斯加之间。如果某年是闰年，且当年的 2 月 1 日正好是星期五，在这个月里他一共会遇到 10 个星期五。因为他从西向东在星期五这天穿过日界线的话，对他来说那一个星期就相当于有两个星期五，同理，整个 2 月就一共有 10 个星期五。但是，如果这艘船是每个星期四从阿拉斯加出发，向西伯利亚海岸驶去，则计算时就正好都要把星期五这一天跳过去，因此这位船长在整个 2 月当中都不会遇到一个星期五。

因此，该题目的正确答案为：最多可能有 10 个星期五，而最少可能是 0 个。

第二章
月球及其运动

新月和残月

仰望夜空，那轮弯弯的月牙似乎始终如一，但它有可能是新月也有可能是残月。如何区分它们，着实难倒了许多人。

区分新月和残月的方法通常是看弯月鼓出的一面是什么方向。这是有规律的：总是向右面凸出是新月，而残月则是向左凸出。由于人们很容易混淆新月和残月的突出方向，聪明的先辈们就发明了一些简明的方法区分它们。

当年，俄罗斯人利用这样两个单词来区分新月和残月——pactущий（意为生长）、старый（意为衰老）。pactущий（意为生长）很容易让人联想到新月，与之相对的старый（意为衰老）则让人想到残月。而且 p 和 c 作为这两个单词的首字母，它们突出部分的方向也分别与新月和残月相同（图29）。与俄罗斯人不同，法国人是利用拉丁字母 d 和 p 来区分。d 和 p 正如被直线连接两头儿的弯月。dernier（意为最后的）的首字母是 d，可以由词义联想到残月。premier（意为最初的）的首字母是 p，也就是新月的象征了。其他语言中也有利用文字记忆的，例如德文。

> 图 29 区别新月、残月的简单方法。

生长，新月

衰老，残月

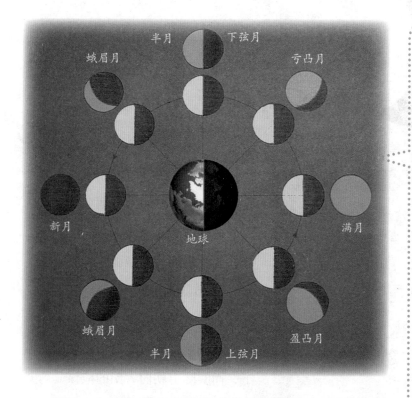

但是，如果你是在大洋洲或者南部非洲，上述办法就不适用了。因为那里人们看到的新月和残月，凸出方向与北半球恰恰相反。还有一个地方也不使用北半球的方法，那就是赤道及其附近纬度带。比如在克里米亚和南高加索，那里的弯月几乎是横着的，像荡漾在海面上的小船或是一道发光的拱形门，在阿拉伯的传说里把它形容为"月亮的梭子"。因此古罗马人称弯月为"luna fallax"，也就是"幻境里的月亮"。如果你想在这样的地方判断天空中是新月还是残月，可以利用一种天文学方法：新月出现于黄昏时的西面天空；残月则出现在清晨的东面天空。

了解了这些方法，你就可以在地球的任何地方准确地区分夜空中悬挂的弯月到底是新月还是残月了。

难画的月亮

月亮是画家们钟爱的"模特"。在生活中，我们经常看到关于月亮的风景画。画家们能将画面布置美丽，却并不一定能将月亮画正确。

图30就是一幅关于月亮的画作，仔细观察，发现哪里存在问题了吗？原来，画家将弯月的两个角朝向太阳了，而实际上朝向太阳的应该是弯月的凸面。月亮是绕地球运转的卫星，本身不能发光，我们看到的月光是月球反射的太阳光，这就是弯月凸面朝向太阳的原因。

图30 指出这张风景画上的一点天文学错误。

想画好月亮不只需要注意上面说的问题，月亮的内外弧也很容易被画错。弯月的内弧是月球受太阳光照射部分的边缘阴影，所以它是半椭圆形，外弧则是半圆形的。因为很少有人注意到这个问题，绘画作品中出现内外弧都是半圆形的弯月也就不足

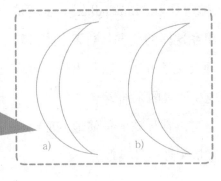

图31 弯月的形状应该是哪一个？

a)　　b)

为奇了，如图31左边的一个所示。

我们看到天空中的弯月总是挂得
不够端正，要画好它的位相很难。按
理说，既然月光是来自于太阳的照射，
那么太阳的中心点应该是在与弯月两角
连接线中点垂直的直线上（图32）。这样的
直线在月球上应当是呈弧形，但是由于弧线中
间部分与两端相比距地平线更远，反映到人眼中，这
些光线就弯曲了。如图33所展示的太阳光线与月亮的相
对位置，只有极其狭窄的蛾眉月于太阳的位置是"端正
的"。当月亮在其他位相时，太阳的光线似乎是弯曲地射
在月球上，由这些光线投影而成的月亮自然无法端正地挂
在夜空了。

月球上明暗相交
的地方非常有
趣，值得观看。
它能揭示出月
球表面的特征，
看上去经常是
"锯齿状"的。

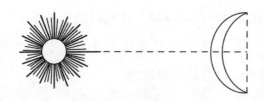

图32 弯月跟太
阳的相对位置。

图33 不同位
相，我们所看到
的月亮跟太阳
的相对位置。

看来，想要将月亮画正确还真得在天文学上下一番功夫。

行星双生儿

与其他行星和卫星的关系相比，地球和月球的关系实在亲密。无论是大小、质量、运行轨道都那么相似，就像一对双胞胎。

除了月球，还没有哪个卫星与它所围绕的行星相对差距如此小。拿大小来说，海王星的卫星特里屯是各卫星中最大的一个，直径也只有海王星的1/10，而地球的卫星——月球，直径竟达地球的27%。从质量上看，木星的第三个卫星是太阳系中质量最大的卫星，木星的质量是它的1000倍，而我们的地球只比它的卫星月球重81倍。下面的这张表是几大行星与各自卫星的质量比。比较之下，更能说明地球与月球的相似性。

行星	卫星	卫星质量和行星质量的比率
地球	月球	0.0123
木星	干尼密德	0.0008
土星	泰坦	0.00021
天王星	泰坦尼亚	0.00003
海王星	特里屯	0.00129

地球与月球这对双生儿"长相"上相似，它们的相对距离也非常近。也许你要说，地球离月球可有将近400000

千米的距离呢！但是如果我说月球和地球的距离只有木星
与其第九个卫星的距离的 $\frac{1}{65}$（图 34），你还会质疑地球与
月球的亲密吗？

木星 ──────────────────────
地球 •• 月球   木卫九

图 34 月球离
地球的距离与
卫星离木星距
离的比较（天
体实际大小并
没有按照比例
尺表示）。

作为地球的卫星，月球时刻围绕着地球转，地球也时
刻围绕着太阳转，它们的运行轨道是很接近的。月球绕地
球的轨道长度是 2500000 千米，而它围地球绕行一周的时
间就已经被地球带行了 80000000 千米，是它一年的路程

同其他行星及
卫星相比，地
球和月球有更
多的相似性，就
像一对形影不
离的双生儿。

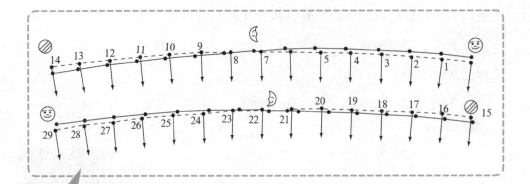

图 35 地球（虚线）和地球（实线）在 1 个月中绕地球所走的路线。

的 1/12。月球轨道的长度仅仅是地球绕行一周的 1/30。试想，如果将月球的轨道拉伸 30 倍，圆形也成了线。月球轨道有十二段凸起和十二段凹陷，像一个圆角的十二边形。除了这几个地方之外，月球绕太阳的轨道几乎与地球的轨道重合。图 35 中所画的路线图是 1 个月中地球与月球的运行轨迹，地球轨迹用虚线表示，月球轨迹用实线表示。要想把这两条距离极近的线分离开来，比例尺要特别大才行。图 35 中地球轨道的直径相当于 0.5 米[1]。如果我们将地球轨道的直径用 10 厘米标示，那两条轨道可就完全无法区分了。由于我们也参与地球的轨道运动，自然是看不出两条轨道一同前进。但如果人们从太阳上观察月球的轨道的话，看到的一定是个带些波浪的与地球轨道重合的线。

地球和月球差距那么小，真不愧是双生儿啊！

①注释：仔细观察图 35，你会发现月球的运动并不是绝对的匀速运动。这是因为月球环绕地球的轨道呈椭圆形，这个椭圆形的焦点就是地球所在的位置。月球轨道的偏心率是 0.055，这是相当大的偏心率。依据多普勒第二定律，当月球位于离地球较近的位置时，运动速度明显快于离地球较远时。

为什么太阳不能把
月球吸引到自己身边

为什么月亮不会被太阳吸引过去呢？也许你会觉得这个问题很奇怪。不过，请各位读者先看看下面一段关于太阳和地球对月球引力的运算：

引力的大小由两个因素决定：地球、太阳本身的质量、它们与月球的距离。众所周知，太阳的质量非常大，达到了地球质量的 330000 倍，如果单从质量这个角度来说的话，太阳的引力就比地球大了近 330000 倍。地球与月球的距离是太阳与月球的距离的 $\frac{1}{400}$，可以说，在距离方面地球还是很占优势的。接下来将两种因素合并考虑，引力与距离的平方成反比，太阳对月球的引力应该从刚才说的 330000 倍缩小 $\frac{1}{400^2}$，也就是 $\frac{1}{160000}$。由此可以计算出，太阳对于月球的吸引力比地球大了近两倍！这个结论肯定会让很多读者大吃一惊。

现在我们再来想想本节开头提出的问题。为什么太阳的引力那么大，却没有将月球吸引到自己身边呢？其实，产生这个现象与上一节中讲述的"行星双生儿"有直接的关系。原来，太阳的引力同时吸引着月球和地球，正是由于这个引力，地球和月球才由直线前进的路线变成现在绕着太阳的曲线运动（图 35）。但由于月球与地球是亲密的

"双生儿"，所以太阳的吸引力并不是作用在地球或月球的本身，而是在地球中心和月球中心的连接线上，也就是地球和月球这两个天体合在一起的整个系统的重心。这个重心远离地球，在相当于地球半径的地方。围绕着这个中心运转的地球和月球，每转一周就是一个月的时间。

这就是月球不会被太阳吸引过去的原因，这个原理同时也解释了为什么地球不会被吸引到太阳身上。你理解了吗？

遮住侧脸的月亮

我们平时看见的满月很像是平面的圆盘，这是因为看远处物体时，两眼得到的图像几乎相同，无法形成立体图像。如果用立体镜来观察月亮那就大不一样了。立体镜是根据双眼视差原理制成的，通过它能够看到立体图像，这时的月亮就成了真正的球形了。

看到立体的月亮容易，但要拍下它的立体影像却是件非常困难的事儿。因为月亮总是遮住侧脸，只有十分明白月球的不规则运动才能得到一张很好的月球立体相片，而且必须使用精巧的方

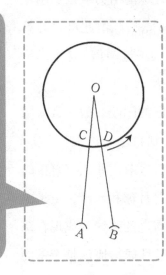

图36 我们要拍得月球很好的立体相片，月球要转多大的角度呢？OA 是月球中心到地球的距离，它是地球半径 AB 的60倍（图上大小没有按照比例尺画），所以角 O 约等于1°。

盈凸月

在我们看来，夜
空中最大、最明
亮的天体就属
月球了。

法。一对立体相片，常常要在一张完成以后好几年才能完
成另一张。

　　在这里我为大家说明一下如何能得到立体的月亮图
片。月亮离我们太远了，与我们的双眼对远处物体无法形
成立体图一样，要想得到立体的月亮图片，必须从两个不
同点取景。但是这样的困难在于，两点之间的距离不能比
这两点与月球的距离小太多。用具体数字运算一下，月球
离我们所在的地球有近 380000 千米的距离。在一对照片
中，一张相片月面中心上的一点，在第二张相片中心要偏
离开月球经度 1° 的距离，只有这样我们才能得到月亮的
立体图（图 36）。这样的话，摄影的两个点之间至少要隔
出 6400 千米的距离，相当于地球的半径了。

　　我们能拍到月亮的立体图，还要归功于月球椭圆形的
绕地轨道。月球的自转和绕地球转是同时进行的，而且月
球自转一周的时间与绕地球运转一周的时间是一致的，月
球朝向地球的一面永远不变。正是由于月球椭圆形的绕地
轨道（偏心率等于 0.055 或大约 $\frac{1}{18}$），才让我们有了看到

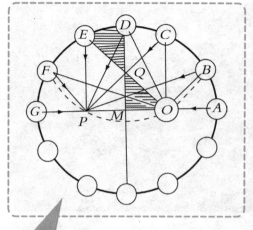

图 37 月球在自己的轨道上怎样沿着地球转动?

月亮侧脸的机会。如果是圆形的绕地轨道，那么我们可就永远也见不到立体的月亮图片了。图 37 所展示的就是月球椭圆形的轨道。由于图片很小，为了精确地解释月球的椭圆形轨道，只有将它画得比实际更扁，否则展现在图片上的只能是一个圆。仔细观察图 37，O 点是地球的所在位置，也是椭圆形的焦点之一。根据多普勒第二定律，线 AE 应该是月球在走过的 12 个月的路程，整个椭圆形的面积与 OABCDE 的面积的 4 倍，与 MABCD 相等（在图 37 中，OAE 与 DMA 的面积相等的结论是由 MOQ 和 EDQ 两面积的大约均等得出的）。也就是说，A 到 E 是月球在 $\frac{1}{4}$ 个月中的运行路线。月球自转运动是匀速的。它在 $\frac{1}{4}$ 个月的时间里均匀转了 90°。然而，连接月球中心跟地球中心的动径在月球运行到 E 点时，扫过的角度是大于 90° 的，这个使得它的脸越过 M 点，朝向 M 点左方离月球轨道另一焦点 P 不远的地方。这时的月球转过它的脸，让身处地球的人们能够从右侧看到侧面的边缘。月球运动到 F 点，角 OFP 小于角 OEP，那个边缘也就越来越窄了。G 点是月球轨道的"远地点"，月球运动到这个点时，它与地球的相对位置跟它在"近地点"A 上相同。月球继续沿轨道运动，当它拐过弯处向反方向走去时，地球上的人们又能看到与之前那个侧脸边缘相对的另一条边。这条边先是逐渐增大，然后又慢慢变小直至于 A 点消失。

由于上述原因，地面观测者能看到月球正面边缘部位的微小变化，好像一架左右摆动的天平，因此月球的这种摆动在天文学上被称作"天平动"，天平动最大是 7°53′或接近 8°。

月球在轨道上的移动带动着天平动角的大小不断变化。将 D 点作为圆心，用圆规画一条通过 O 和 P 两个焦点的弧线，弧线与轨道相交于 B、F 两点。角 OBP 和角 OFP 相等，且两个角的和等于角 ODP。由此推出，天平动在月球从 A 运动到 D 时是出于不断加大的状态，刚开始加大十分快，在点时达到顶峰，而后减慢加大的速度。天平动在 D 点到 F 点之间是不断减小的，起初减小的速度很慢，然后减小速度不断加快。天平动在轨道的下半段时，大小的变化与它在轨道上半段的变化是一样的，只是方向相反（天平动的大小在轨道各点上时与月球离椭圆轨道的长径距离大约成正比）。这也被称作经天平动。有时候，我们能够从南面看到一点儿月亮的侧脸，有时候从北面也可以看到。这是因为月球赤道的平面与月球轨道的平面组成一个 60°的倾斜角，这是月球的纬天平动，最大的纬天平动能达到 $6\frac{1}{2}$°。也就是说，我们能看到月亮面积的 59%，只有 41% 是完全看不到的。

利用天平动，天文摄影家能拍出月球的立体图片。在本节的前几段我们提到，在一对照片中，一张相片月面中心上的一点，在第二张相片中要偏离开月球经度 1°的距离，只有这样我们才能得到月亮的立体图，例如在 A 点和 B 点，B 点和 C 点，或者 C 点和 D 点等。如果只是这样，月球一直以同一面朝向地球，人们无法直接观测月球背面。这张宇宙飞船拍摄的月球背面图，使我们看到：月球的背面与正面一样，都有坑洞和"海"。

那么在地球上适宜拍出月球立体图片的位置就多了。但这些位置月球的位相差距大到1.5～2昼夜，拍出的照片会有一部分亮得发白。因为一张照片上还处于阴影中的一小部分，在另一张图片上已经走出了阴影。要想拍出完美的立体月亮，摄影者等到月亮再次出现相同位相，并且必须保证前后两次月面的纬天平动上完全相同。

月亮对我们永远是遮着一半面纱，神秘的月球侧面让充满好奇心的人类不断探究。目前为止我们能推测出的只是月球背面与迎向我们的一面有多大差别①，那些由天文学家用想象从月球正面延伸至背面的山脉无法被证实。但是，我相信，通过人类对宇宙的不断探索，总有一天我们会"看到"月球的背面。

① 现代空间探测证实，色调明亮的高地是月球背面的主要结构，这一点完全不同于月球的正面。至于形成这种现象的原因尚未被解开。

那些传说中的星球

著名科幻作家凡尔纳在他的长篇小说《环游月球记》中提到月球的第二卫星，也就是第二个月球。在书中，凡尔纳将它描绘成体积极小、速度极快以致地球上的人们看

不到它。不只凡尔纳一个人这么说，曾经有个报纸报道了地球的第二卫星被某人发现的新闻。可以说，第二月球存在与否是个很悠久的问题了。

到底存不存在第二卫星，众说纷纭。据凡尔纳说，一位名叫蒲其的法国天文学家不仅猜测过第二卫星的存在，而且推测了它距离地球是8140千米，绕地的周期是3小时20分。然而，英国的《知识》杂志却将凡尔纳的说法全盘推翻，称蒲其是捏造的人物，根本不存在什么第二卫星说。但是，凡尔纳并没有捏造言论。确实有一位名叫蒲其的吐鲁兹天文台台长，他也确实在曾经宣扬过第二卫星说。蒲其认为第二卫星是一颗离地面5000千米，绕行地球一周仅用3小时20分里。但由于当时附和该言论的人极少，没过多久就被人们遗忘了。

我们先假设有这个第二卫星的存在。这类天体离地球很近，每次旋转都要被地球硕大的阴影笼罩，但在每天黎明和黄昏时，还有它每次经过月球和太阳时，人们都应该能够看到这颗明亮的卫星。而且这颗第二卫星的运行速度非常快，过往频率要比月球高得多。那么，人们应该常常会看到这颗卫星。如果有这颗星，在日全食时也是会被天文学家发现。可是，但目前为止，没有一个人发现过它的踪影，也可以说，第二卫星并不存在。但是如果单从理论的角度讲，它的存在是与科学理论不发生冲突的。

传说中的星球不止"第二卫星"一个，围绕月球运转的小卫星存在与否也是人们讨论过的话题。遗憾的是，到目前为止，这个小卫星也没有人发现过它的存在。想要证明月球的卫星是否存在是件极其困难的事。正如天文学家穆尔顿所说：

在月亮满月时，它的反射光和太阳光都让人们无法看清月亮附近是否有小卫星的存在。只有在月球附近的天空不受漫射月光的影响，也就是月食时，太阳的光才可能将传说中的小卫星照亮，这些小天体才有可能被发现。直至现在，人们并未发现这样的星球。

看来，传说也只能是传说了。不过，人们勇于探索和设想的精神继续发扬下去必定会带来意想不到的惊喜。

为什么大气不能在月球存留呢

地球上有适于生物生存的大气环境，地球的卫星——月球却不存在大气。为什么大气不能在月球上存留呢？如果想弄明白这个问题，我们就要先了解大气存在的条件，也就是我们地球上为什么存在大气。

众所周知，分子是空气的组成部分，它们像一群受惊的野兽，自顾自地向不同方向急速奔跑。在 0℃ 的环境时，它们运动的平均速度大约是每秒 0.5 千米，相当于手枪子

弹的飞行速度。因为要抗拒地球引力，空气的分子将自己的运动能完全消耗尽了，所以它们被控制在地面上。有这样一个算术式：$v^2=2gh$，其中 v 是速率，h 是高度，g 是地球重力的加速度。假设有一群分子在以每秒 0.5 千米的速度垂直向上飞，将数字带入算术式就能得出分子能垂直飞多高：

得出上升高度　　　h=12500 米 =12.5 千米

看到这，你可能会疑惑：在 500 千米以上的高空也存在极少量氧气，但氧气大部分是由雨点带到地上来的过氧化氢分解而成的，一小部分是植物的作用由碳酸气经过变成，都是在地球表面。氧气分子是怎么来到 500 千米高空，并且一直维持这个高度的呢？其实，上面说的那些数字是全部空气分子在数学上的平均数。实际上，各个分子的运动速度是不相同的，它们有的极快有的极慢，但这只占一小部分，大部分空气分子的运动速度还是处于中间的位置。我们用具体的数字来说明一下：将一定体积的氧气放置在 0℃ 的环境里，分子的速率在每秒 200 ~ 300 米的占 17%；比率最大的部分是速率在每秒 400 ~ 500 米和每秒 300 ~ 400 的分子，它们各占 20%；9% 的分子速率在每秒 600 ~ 700 米；8% 的分子速率在每秒 700 ~ 800 米；能达到每秒 1300 ~ 1400 米的分子只有 1%，还有速率能达到极快的每秒 3500 米的分子，但是这样的分子所占比率极小，只占不到 $\frac{1}{1000000}$ 的比例。根据上面提到的运算公式，$3500^2=20h$ 可以求得 $h=\frac{12250000}{20}$ 米，大约等于 600 千米。也就是说，速率最快的分子完全能够飞到高

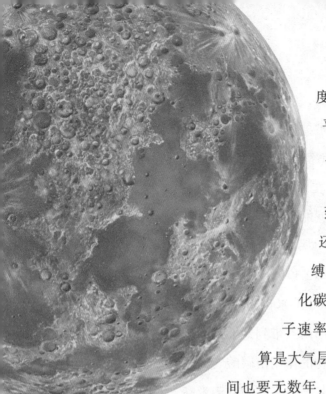

月球上的环形山大多由陨石撞击而成，因为月球上没有大气，所以陨石可以不受阻碍地直接撞击月球表面。

度为 600 千米的天空。这就跟人类的平均年龄是 40 岁，却有很多百岁老人是一个道理。

虽然有小部分的分子可以上升到 600 千米的高空，但这样的速率还不足以让它们完全脱离地球的束缚。那些组成地球空气的氧气、二氧化碳、氮气和水蒸气若想离开地球，分子速率小于每秒 11 千米是不可能的。就算是大气层中最轻的氢气，流失一半所用的时间也要无数年，这个数字有 25 位呢！地球大气的成分和质量是不会轻易改变的。这就是地球能够保留住它自己的大气层的原因。

讲完地球能留住大气层的原因，再来探讨为什么大气不能在月球上存留就容易多了。地球能留住空气分子，它本身的重力是非常重要的因素，而月球上的重力只有地球的。也就是说，空气分子只需花费在地球上的力气就能够挣脱月球的束缚，根据运算，只要分子的速率达到 2360 米 / 秒就可以飞散到太空。大气中的氧气和氩气分子在普通温度下的速率就能超过 2360 米 / 秒。根据气体分子速率分配定律，速率慢的空气分子也会在速率极快的分子飞散后获得临界速率，飞离月球。大气分子平均速率即使小到临界速率的 1/3，在月球上就是 790 米 / 秒，只需几个星期的时间就可以消散殆尽。只有速率在临界速度的 1/5 以下的空气分子能被留住，然而这样的分子少到几乎可以忽略。这就是大气无法在月球存留的原因。由此也可以推测出像小行星和各行星的大多数卫星这样重力不大的星球，大气也不能留在上面。

天文学家曾设想过将月球改造，生成人工大气，成为适宜人类居住的"第二地球"。但是月球现在的环境是宇宙根据物理法则，经过漫长的时间形成的，"改造说"想要实现是很困难的[①]。

月球的大小

想要探讨物体的大小，自然离不开数字。科学家早已测算出月球的各种数据，比如直径是 3500 千米，表面积是地球的 1/14 等。但是，就算我们了解了这些数据，提到月球的大小浮现在眼前的也只是些抽象的阿拉伯数字。如果想对陌生的事物形成具体的印象，用你熟悉的东西来与之比较是最有效的方法。月球和地球是一对"双生儿"，我们又十分熟悉地球，不妨将月球与它进行一番比较。

月球是一片连绵的大陆，那么我们就用地球上的大陆和它进行比较（图 38）。从表面积来说，南北两美洲的面积略大于月球一些，月球始终面对我们的那一面的面积差不多和南美洲的面积相等。

月球的面积不大，但它的环形山却大得惊人。地球上的任何一个山脉都无法与之相提并论。就拿格利马尔提山

①莫斯科天文学家利浦斯基在1948年证明月球上还有残存的大气，月球大气的总质量是地球大气的百万分之0.86。现代测量显示，月球残存大气密度小于地球大气密度的一百亿分之一。

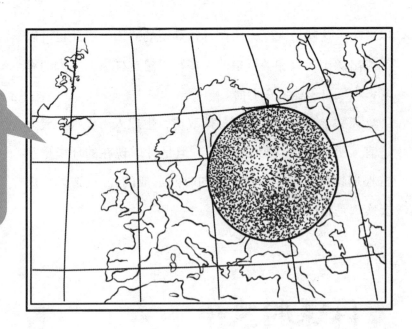

图 38 月球和欧洲大陆的比较，从图中我们不能下结论，月球比欧洲大陆表面积小。

图 39 1.云海 2.湿海 3.汽海 4.澄海

来说，单单是它的环抱的月面面积就要大于贝加尔湖，把瑞士、比利时这样小面积的国家放在里面是完全可以的。

虽然月球的环形山比地球的山峰要雄伟得多，但地球表面的海洋却比月球上的"海"壮观。当然了，这里说的月球上的海是我们虚构的，这也是为了比较起来方便。如图 39，按照比例尺在月面上画出黑海和里海。虽然在地球上黑海和里海没有多大，但拿到月球上就是块极大的海洋了。例如月球上面积占 170000 平方千米的澄海，拿到里海中也只占 2/5 的面积。

地球上海与月球上的"海"的比较。如果把黑海和里海都移到月球上，会比月球上所有的"海"都大。

月球直径 3500 千米

地球直径 12756 千米

地球和月球大小
比较

看了这些比较，你的心中对月球的大小一定已经有了
较具体的印象。

超乎想象的月球风景

想要看到月面风景，只要一架装有直径厘米物镜的小
型望远镜就可以将月面上的环形山、环形口等尽收眼底（图
40）。但是，如果你能在月球
上观看，那里的景象一定会
超乎你的想象。因为从地球
上看月亮，眼见不一定为实。

观察一个物体，从远处
纵览全局与在近处观察所体
验到的感觉是很不一样的。
以月球上的爱拉托斯芬山为

图 40 月球表面
的环形山。

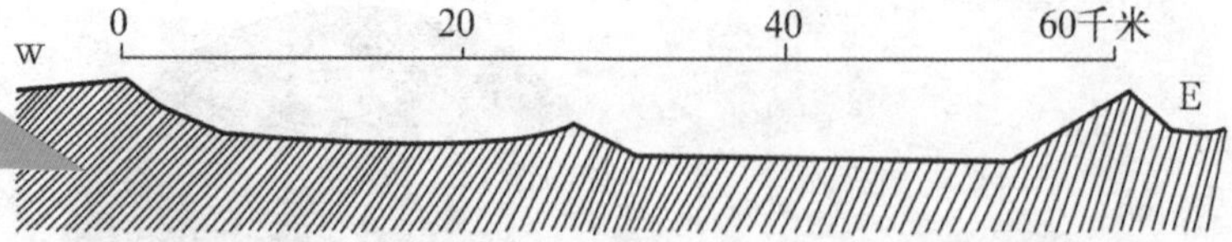

W 0   20   40   60千米 E

图 41 环形山的剖面图。

例,我们从地球上看到的是一座轮廓清晰、中间有一处凸起的高峰的大山（图 41）。如果从侧影来看,这个环形山的直径有大约 60 千米,它的环形口直径相当于拉多加湖到芬兰湾的距离。这么长的直径让整个山的坡度十分平缓,把本来很高的山显得很平凡了。走在这个环形口中,你甚至感觉不出自己是在山上。还有一个让本来很高的山变得平缓的原因——山体较低的部分也被月面的凸度掩盖了。这是因为月球的直径只有地球直径的 2/4,所以"地平线"的范围比地球上的小了一半。可以用数学方法计算出在月球的地平线范围：$D=\sqrt{h \times 2R}$

D 代表地平线的距离,h 代表眼睛的高度,R 代表地球的半径。人站在地球平地上最多可以看见到 5 千米远的东西。将关于这些数据代入公式,得出的就是人在月球平地上的最远视线距离：2.5 千米。

图 42 在月球表面上看到的巨型环形山中央所见的景物。

图 42 展示的是一个巨型环形口，这张图片是以一个人站在环形口的角度画的。这个月球环形口被称作阿基米德的风景。在这张图片上，我们看到的是广阔的平原，一些连绵起伏的山峦卧在地平线上。这完全颠覆了我们对环形口的想象。环形口的外部也与我们平时对它的认识不一样。外侧是非常平缓的斜坡（如图 41），很难想象这竟然是一座高山。众多小环形口也是组成月球风光的重要部分，它们不同于环形山，没什么高度。人们也给月球的山脉起了名字，比如高加索、阿尔卑斯、亚平宁等，它们的高度一般都有七八千米。虽然它们的高度与地球上山脉的高度差不多，但由于月球比地球小很多，这些山脉也被衬托得特别高大。

月球上有一座山峰叫作派克峰，从望远镜看，它轮廓十分清晰，让人觉得它一定很险峻（图 43）。可是，在月球上看它，你一定会大失所望。因为你看到的只是一个鼓出地面的小丘地（图 44）。这是为什么呢？原来，由于月球上没有空气，阴影也就变得非常清楚。做个实验，将切

图 43 从望远镜里看派克峰，它显得十分险峻。

图44 从月面上看派克峰，它如此平坦。

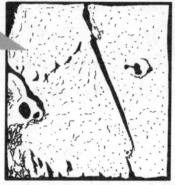

图45 从望远镜里看到的月面"峭壁"。

图46 站在"直壁"脚下所看到的峭壁。

去一半的豆子放在桌上，凹面朝下，它会拖出比自身长五六倍的阴影。月球上的物体受到日光照射，阴影能达到物体本身高度的20倍，所以月球上那些只有30米高的物体也能被天文学家看清。我们用望远镜里去看月球，月面上的小凹凸会被放大，这种幻象使人误以为月面高低差距非常大。

和上面所提到的幻象相反，有的时候，月面上的一些很重要的地形会被人们忽视。利用望远镜能看到一些狭窄到可以被忽略的小缝隙，它们总会被我们忽略。其实，在月面上它们可是一条条深不见底的岩壑，延伸到地平线之外（图45）。月球上还有一种被叫作"直壁"的断

图47 在月面裂口上看到的情景。

岩，矗立于月面之上，一直伸展到"地平线"以外，长100千米（图46），非常壮观。再看图45和图46，你会将这两幅图联系到一起吗？实际上，这两幅图描绘的都是直壁。

在望远镜里看到的月面上的裂口，它们事实上是一些巨大的洞穴（图47）。

陌生的月球天空

月球的天空与地球的天空有很大差异。如果人类能够自由地在月球表面行走，首先引起其注意的就会是这与众不同的天空。

首先映入眼帘的就会是那漫天黑幕。

有一位名叫佛兰马理翁的法国天文学家曾这样描绘：

明净的蔚蓝色天空，艳红的晨曦，壮丽的晚霞，令人

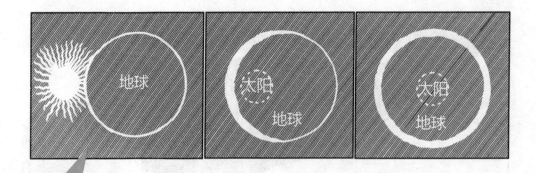

图48 月球上日食的过程：太阳慢慢走进那悬在月球天空的地球后面。

迷醉的沙漠景色，遥远的田野和草原，镜子一般的湖水映照着远处的蔚蓝天空。这一切的景色，都要感谢那一层轻轻的大气的包围。假使这层大气消失，那么这些美好的画面都将不复存在。天空的蔚蓝色将变成无边无际的黑暗。日出和日落时的美丽景象也不再有，取而代之的是突然交替的昼夜。有日光的地方将会炙热一片，日光直射不到的地方将被黑暗吞没。

上面这段文字说明了地球天空呈蔚蓝色的原因是大气的存在。后面描绘了假如没有大气地球会变成的可怕模样，其实这就是月球天空的真实写照。

不论白天黑夜，月球的天一律呈现的是黑色。在这漫天的黑色中点缀着无数的星星。因为月球上没有空气，星星们要比从地球上看到的耀眼多了，也不像从地球看到的不停闪烁。月球的白天太阳光线的照射非常强烈，这也是没有大气造成的。

"自卫航空化学工业促进会"号是苏联的平流层飞艇，探险者乘坐这个飞艇曾在21千米的高空看到黑色的天空。由此可以预见，如果我们的大气层变薄，天空就不会像现在这么蓝。

其次你一定要看的，是月球天空中的食象。

有很多人见过地球上的日食和月食，但你知道吗，月球上也有食象。

日食和"地食"是月球上的两种食象。当地球上出现月食的时候，地球是处于太阳和月球的连接线上的，这时候地球的阴影将月球笼罩，月球也就出现了日食，而且它要比地球上的日食好看很多。原来，此时月球的天空中挡在太阳前面的那个黑色的圆形地球面，有一圈因大气而形成的紫红色边缘（图48）。看过月食的人都知道，月食时月亮黑色的圆盘周围有一圈樱红色的光，这圈光就是因地球大气所形成的紫红色光在照射之下出现的。

因为地球月食时正是月球的日食，所以月球日食的时间与地球上的月食时间相同，有4小时之久。而地球的日食却只有几分钟的时间，月球的"地食"时间与其相等。月球"地食"的时候，站在月球上可以看到地球这个巨大的银色圆盘中有一个小黑点在不停移动，这个小黑点所到之处就是地球上人们能看到日食的地方。

从月球上看地球。

食象在太阳系中只有月球和地球有，因为这里有一个任何行星都不具备的特殊条件：在月球遮蔽太阳时，它距地球的距离与太阳距地球距离的比值约略等于月球直径与太阳直径的比值。

第三个月球天空奇观：悬在头顶的地球。

站在月球上，悬挂在天空的巨大地球一定会吸引你的注意力：踩在脚下的地球，此时却跑到了头顶。不过，这倒也不用奇怪，宇宙中的上下本来就是相对的。当你站在月球上，相对在上面的就是地球了。

想象一下，从月球看到的地球会是什么模样。季霍夫是普尔柯夫天文台的天文学家，他曾专门研究这个问题并写了下面这段话：

从其他星球观察我们的地球，能看见的只是一个发光的圆盘，地球上的任何细节都将被隐藏。因为，日光投射到地球上，还没有落到地面就被大气和大气中的杂质漫射到空中去了。虽然地面本身反射光线，但经过大气漫射就变得极其微弱了。

这段话说明了从月球看地球的样子。地面总被云半遮半掩，大气层也会把日光漫射开。所以，从月球看到的地球应该极亮的，至于细节则根本没有。有一些关于从宇宙看地球的绘画作品，描绘出两极区域的冰雪的极冠和大陆的轮廓等细节，实际上是不存在的。

从月球上看，地球十分庞大，完全不同于我们从地球看月球。因为地球的直径要比月球直径大 4 倍多。由于地球的面积比月球大了将近 14 倍，地球反射的太阳光自然就要比月球大得多。而且地球表面的反射能力比月球的反射能力大了近 6 倍[①]。所以，从地球上看月球的光亮度要比满月时大 90 倍。想象一下，如果夜空有 90 个满月照向地面，并且没有大气层的阻挡，那将是怎样明亮的夜晚啊！有了地球的"照耀"，月球就算在晚上也亮如白昼。

①丁铎尔在所著《讨论光线》一书中写道："就算是从黑色上反射过来的日光，也还是白色的。所以即使月亮上笼罩了一层阴影，它在天空看去仍然会像一面银盘。"月球上的土反射日光的平均能力跟潮湿的黑土一样，而极暗的地方漫射的光线，也只比维苏威火山的岩浆漫射的略微弱一点。虽然月光是白色的，但月球上的土壤颜色是暗黑色，而不是一般人想象的白色，这两个现象并不冲突。

图49 地球慢慢
地从月球的"地
平线"出现而
又慢慢消失的情
形。虚线表示地
球所经的路线。

也正是月面被地球的反射光照亮，我们能够在地球上看到
400000千米外的新月凹面，即使没有照射到日光的部分也
会有微光闪耀。

还记得我们在上面小节中说过的月球运转特点吗？其
中有一点是：月亮从始至终都是一半脸朝向地球。这个运
转方式导致了从月球看地球的另一个特征：地球永远挂在
月球的上空从不移动，不像其他的星星那样升起落下。在
地球圆面后面，是无数星星在慢慢地旋转，每转一周要用
$27\frac{1}{3}$天，太阳绕行一周的时间是$29\frac{1}{2}$天；行星也在不停旋
转，只有地球一动不动在黑色的天空里俯视月亮。我们在
地球的任何地方都可以看到月亮，在月球上看地球可就不
是这样了。如果在月球一点站着，看到的地球是在头顶，
那么在这个地方看到的地球就永远在头顶，如果在另一个
地方看到的地球是在地平线上，那在这点看到的地球就永
远在地平线上。

但是，从月球上看到的地球也是有颤抖的时候。月球
上"地平线"的地方，地球有时好像就要沉下去，但是马
上又升起来，画出的曲线很奇怪（图49），这是月球的天平
动造成的。地球并不完全固定在月球的天空，而是在一个

平均位置的南北摆动 14°，东西摆动 16°。这种现象只在"地平线"出现，并不绕过整个天空，因此能够经过很多天的时间。地球虽然总是停留在一处，却要在 24 小时里很快地自转一周，所以假如我们的大气对于月球上的人是透明的话，地球真可以作为他们的一架很方便的天空的钟。

"月有阴晴圆缺"，这是我们在地球上看到的月球变化。其实，在月球上看地球也是这样的，因为地球也有月球那样的位相变化。在月球上看地球，什么时候是圆盘、什么时候是蛾眉，什么时候宽、什么时候窄，这些都取决于地球被日光照射的部分有多少面对月球。还有一个现象是，我们从地球上看到的月亮是什么形状，那么此时从月球看地球的形状就是正相反的。举个例子，我们地球上看不到月亮，也就是朔月时，站在月球上一定会看见一个圆圆的地球，反过来亦如此（图 50）。

地球有大气漫射太阳光，所以无法看见朔月。这时的月球一般是位于太阳上下（有时相离 5°，也就是它直径的 10 倍），它会有一条被太阳照得很亮的狭窄边缘。但是太阳光的亮度实在太大了，朔月的这条银线会被太阳光掩盖。所以，地球上的人是看不到月亮的，除了在春天的极

图 50 月球天空上的"朔地"，这时，地球是全黑的，四周由发亮的地球大气而形成了一个明亮的圈。

少数情况时朔月一天后就能被看到，一般都是两天后它已远离太阳时我们才能看见那条狭窄的弯月。从月球看地球则不是这种状况。但月球上是没有大气的，恒星和行星也就不会消失。只要不碰到日食（地球正好把太阳挡住），地球就会出现在月球黑色的天空中。从月球看，"朔地"的两角背向太阳（图51），

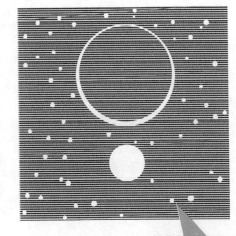

图51 月球天空中的"新地"，下面白色的圆表示太阳。

并且随着地球本身向太阳的左方移动。人的眼睛与月球和太阳的中心并不处于同一直线，所以在地球上用望远镜观察月球也可以看到类似的现象——满月时的月面看起来并不是完整的圆，而是少了狭窄的一钩。

研究日食和月食的意义

为了研究日食，天文学家经常要组织远征队去世界上将出现日食的地方，即使这个地方路途遥远且环境恶劣。例如1936年6月19日的那一次日食只能在苏联境内看见它的全食，结果全世界有10个国家的70位科学家千里迢迢来到苏联，只为了观察这两分钟的日全食。还有4个远征队遇到阴天，没有见到日全食，遗憾地返回。苏联在那一次的观测中投入了大量的人力物力，远征队就有将近30个之多。第二次世界大战期间，苏联在极其紧张的战

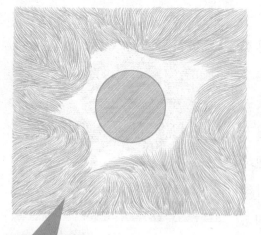

图 52 日全食时看到的日冕。

时环境下仍然组织远征队赶赴能够看到日食的地方：1941 年的日食出现在拉多加湖到阿拉木图一带，整个全食带都有苏联政府派遣的天文学家；1947 年 5 月 20 日巴西日食，苏联也派遣了远征队。

天文学家们对日食如此狂热的追逐，是因为两个原因：

第一个，也是最重要的一个原因：日食能提供给天文学家们珍贵的数据和研究机会。

1. "反变层"的光谱线。平常，太阳的光谱线有许多暗线的明亮的谱带，日食时光谱线会有几秒钟的时间变成一条带有许多明线的暗的谱带，吸收光谱转变成发射光谱。发射光谱又名闪光谱，它是科学家判断太阳外层的性质的重要的资料来源。虽然在平常也会有这种闪光谱，但它在日食的情况下可以被更清楚地看到。天文学家当然不会错过这千载难逢的机会。

2. 探究日冕。日冕只有日全食时才能看到，在被日珥（太阳外层上的火一般的突出物）所围绕着的黑色月面附近，整个日冕呈现五角星的形状，中心由黑暗的月面占据。其形状随太阳活动大小而变化。在太阳活动极大年，日冕的形状接近圆形，而在太阳活动极小年则呈椭圆形。日食时能够看到形状不同、大小各异的珠光（图 52），最长的比太阳直径还要长好几倍。1936 年的日食中日冕超乎寻常的亮，就算是满月也不及它的亮度，日冕的最长的光

达到了太阳直径的三倍，有的甚至超过了三倍，但是这属于极少数情况。

直到现在，科学家们仍没有给日冕的性质准确定义。日食的时候，科学家要拍下日冕的照片，研究它的亮度和光谱，一边研究它的构造。

3. 核对一般相对论对于星星位置的推论正确与否。根据相对论，推测出在经过太阳时星光会受到太阳强大引力的吸引而偏离原来的位置，其他星星也应发生位移（图53）。只有在日全食时才能论证这一推论的准确性。

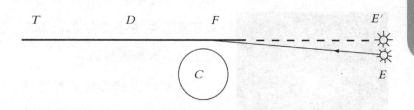

第二个原因，日全食本身也是极富研究价值的。苏联作家柯罗连柯曾在书中对日全食做了极生动的描写。书中是他1887年8月在伏尔加河岸尤里耶韦茨城所见的日全食。我们从中引用一段（略有删减）：

太阳没进一朵硕大朦胧斑状的云里，当它再次出现时已经有很大一部分亏损了……

这个时候，空中烟似的雾气把刺眼的光芒变得柔和了，甚至可以用肉眼对着它看。

此时，周围出奇的安静，甚至可以听到呼吸声。

已经过去了半小时。天空的颜色并没有什么异样，悬

图53 光线在日球的强大引力下偏移。根据相对论，在地球T点上观察的人沿着TDFE'这条直线，会看见星星在E'上，但实际上，它是在E点上。它的光线沿着曲线EFDT投射到地球上来。当日球C不在那里的时候，星光是沿着直线ET射向地球的。

第1次接触：月球慢慢地运行到太阳的前面。

第2次接触：全食奇迹持续2分30秒。

第3次接触："钻石环"效应宣告全食阶段结束。

在高空的弯弯的太阳被浮云遮蔽了。

这很是让年轻人兴奋。

老人们发出叹息声，有人发出像是牙疼一样的哼哼声。

天色逐渐暗淡了。暗色的光照着惊惶的人群，河上轮船的轮廓也模糊了，不像平常那么亮。光线越来越弱，这是个不寻常的、奇怪的黄昏。现在的景色十分模糊，草不再是绿色，山看起来也是飘飘悠悠的。

天空的太阳已经是弯弯的了，但仍然让人们感觉这只是个变得暗淡的白天，此时想到那些关于日食会将天色变得怎样黑暗的说法太夸张了。现在的太阳只有一小条了，难道没了这一小条世界就会陷入黑暗？

突然，那一小条的光熄灭了。瞬间，大地就被浓重的黑暗覆盖了。我看见从南面窜出的阴影迅速将山冈、河流、田野笼罩，好似一张无边的巨大被单。此时，和我一样站在河岸的人们悄然无声。人群像一个密实的黑影……

这样的黑暗和夜晚不一样，没有月光，没有树影。天空中像有一张极稀薄的网垂下来，似乎还有一些细细的灰尘向大地上撒来。在一侧的天空中，似乎有一些微光在闪烁，这点微光为大地拨开了一点点黑暗。此时的天空中乌云翻腾，似乎还有什么猛烈的争斗在乌云里面进行着……一些变换的光亮从黑暗的幕后露出来，这使得刚才的那些景色活了起来。那个抓住了太阳的东西似乎很憎恶光明，拽着太阳在天空奔驰。胆小的云像是受了惊吓一样四下逃窜。

日食难得一见。

日面被月面遮掩而变暗甚至完全消失的现象就是日食。月球投影到地球上的范围就是能看到日食的"日全食地带"。这个"日全食地带"很小，只有不到 300 千米的范围。要想在地球上同一个地点看到两次日食，那可要二三百年的时间呢。加之日食出现的时间极短，想要见它一面可不容易。

日全食更是稀少。那个经常拖在月球后面的锥形长影之所以能刚好到达地面，是因为月球遮蔽太阳时，月球与地球的距离和太阳与地球距离的比值约略等于月球直径与太阳直径的比值（图 54）。如果单单从月影的平均长度来看，不管怎样我们也不会看见日全食，因为月影的平均长度小于月球与地球的平均距离。幸好月球绕地球的轨道可

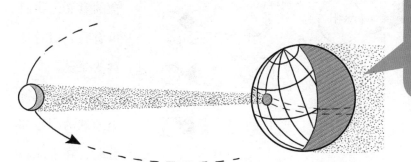

图 54 月影的锥尖划到地球表面的地方就是能够看到日食的地方。

是一个椭圆形，月球离地球的最近距离是 356900 千米，最远距离是 399100 千米，两者相差了 42200 千米。这就让月影长度有机会超过月球距地球的距离，我们才可以看到日全食。

可能有读者听说过人工日食。人工日食就是在望远镜里用一个不透明的圆片遮住太阳，造成日食的效果。有人会问，既然这样可以制造人工日食，那为什么还要耗费那么多人力物力去观测自然形成的日食呢？其实，人工日食是无法替代自然日食的。因为日光到达地面之前要先穿越大气层，这时就会因空气分子而产生漫射，这也是我们能看到蓝色天空而不是月球上那样的黑色天空的原因。人工制造的日食虽然看不到直接射来的阳光，但不等于我们周围的其他地方没有照射，所以漫射光线依旧存在。月球是自然日食的比大气的边界还远几千倍屏障，这个幕先于大气截断太阳光线，所以日食时没有漫射发生。要注意的是，我们说的没有漫射并不是绝对的没有，这时仍然会有少量的漫射的光线进入暗影区，所以即使是日全食，天也不能达到半夜那样黑。

图 55 表示从月面上地球阴影的形状推测地球形状的一幅古画。

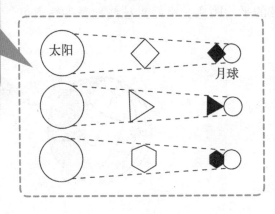

说完研究日食的意义，我们再看看人们对月食的探索。

当月球运行至地球的阴影部分时，在月球和

地球之间的地区会因为太阳光被地球所遮蔽，肉眼会看到月球缺了一块，这就是月食。

在很久以前，我们的先辈已经通过对月食的研究发现了地球是圆的。月面上的阴影跟地球形状的关系的图画（图55）在古代天文书籍就有记载。麦哲伦正因为是坚信这个推论才开始了艰辛漫长的环球航行。有一位跟麦哲伦一同进行环球航行的人这样讲述："教会不断告诫我们地球是一被水包围的巨大平面，但麦哲伦依旧坚持自己的看法。他认为：月食的出现证明地球的影子是圆的，既然有这圆形的影子，那么那个物体本身自然也是圆的……"

现代的天文学家狂热地追逐日食，月食的次数虽然只有日食次数的2/3，却没有谁千里迢迢跑去见月食一面。这是因为月食发生时，只要是在可以看到月亮的那个半球就可以见到它。而且各地能同时看到月食时月面的变化情况，只不过由于各地所处的时区不同，所以说起月食的时间不一样。

由于偏折到锥形阴影以内的太阳光，月食时我们依旧可以看到月亮，天文学家们对于这时月球的亮度和颜色很感兴趣，通过研究，天文学家们获得了重大发现：太阳黑子的数量影响着月食时月球的亮度和颜色。现在，科学家们还可以利用月食来测量没有太阳照射的月面的冷却速度。

通过上面的讲述，相信读者朋友们已经了解了研究日食和月食的重要性。宇宙中还有很多未解的难题和未知的事物，希望天文学家们通过对日食和月食的研究会有更多的发现。

沙罗周期

日食和月食每隔 18 年零 10 天重复一次的现象早已被古巴比伦人发现了，他们把这种现象称作沙罗周期。古人能够预言日食和月食的出现就是利用了沙罗周期。虽然人类很早就发现了沙罗周期，但研究出这种周期出现的原因还是在近代。

月球绕地球一周的时间就是我们所说的一个月。在天文学上，一个月的时间有五种。我们在这里只说其中的两种：朔望月和交点月。

1. 朔望月。就是出现两次相同月面位相所用的时间，也是从太阳的角度看月球绕地球一周所用的时间，比如上一次出现朔月到下一次朔月的时间。朔望月是 29.5306 天。

2. 交点月。"交点"是指地球绕日轨道与月球绕地轨道的交点。月球从"交点"开始沿着它的轨道绕地球一周后又回到"交点"的时间就是交点月。交点月的时间是 27.2123 天。

日食和月食形成的条件之一是朔月或望月刚刚落在交点上，因为在这时月球的中心恰恰跟地球中心和太阳中心成一直线。也就是说，从这一次月食到下一次出现跟这次相同的日食，所用的时间一定包含整数个数的朔望月和整数个数的交点月。

下面的这个方程式就是用来计算上面所述情况要用的时间：

$$29.5306x=27.2123y$$

因为式中的 x 和 y 都是整数，所以这个方程式可以被改写成：

$$\frac{x}{y}=\frac{272123}{295306}$$

这个比例式中的两个数没有公约数，那么最小的整数答案就是

$$x=272123，y=295306$$

如果直接看用两个数的话那就是几万年的时间，对于预测日食和月食毫无用处。天文学家只用它的近似值：

$$\frac{295306}{272123}=1\frac{23183}{272123}$$

将剩下的分数中的分子分别除它的分子和分母。

$$\frac{295306}{272123}=1+\frac{231832\div23183}{72123\div23183}=1+\cfrac{1}{11+\cfrac{17110}{23183}}$$

然后再用分数里的分子分别除它的分子和分母，一直这样算，就会得出如下的式子：

$$\frac{295,306}{272,123}=1+\cfrac{1}{11+\cfrac{1}{1+\cfrac{1}{2+\cfrac{1}{1+\cfrac{1}{4+\cfrac{1}{2+\cfrac{1}{9+\cfrac{1}{1+\cfrac{1}{25+\cfrac{1}{2}}}}}}}}}}$$

只取这个式子的前面几节，得出以下近似值：

$$\frac{12}{11}，\frac{13}{12}，\frac{38}{35}，\frac{51}{47}，\frac{242}{223}，\frac{535}{493}\cdots\cdots$$ 近似值到第五个就已经是很精准的数了，当然了，如果能够继续往后算那就

更加准确。其实。如果取 $x=223$，$y=242$，算出的日食和月食重复周期就是 242 个交点月，也是 223 个朔望月。如果换算成以年为单位的话，那就是 18 年又 10.3 天或 11.3[①]天。

上面所述是沙罗周期的原理。不过从上面的计算就可以看出来，它的准确性并不十分高。人们把沙罗周期弃去了 0.3 天，以 18 年零 10 天为准。实际上第二次出现相同日食和月食的时间要比沙罗周期晚大约 8 小时，第三次出现就会与沙罗周期计算的结果相差 1 天。月球与地球的距离和地球与太阳的距离是变动的，而且是周期性变动。日食是不是全食是由这两种距离来决定的，沙罗周期并没有考虑到这一点。也就是说，沙罗周期能预言的只是下次日食和月食会在哪一天发生，却不能预言将出现的是偏食、全食，还是环食，更无法准确预言在地球的哪里能够看到它。也会有这样的情况出现：上一次出现的是面积很小的日偏食，根据沙罗周期的推算，18 年以后应该再次出现时却看不到日食。因为此时的日食面积实在是太小了，以致我们根本发现不了。也有相反的情况：18 年前人们并没有看到日食，而在 18 年后的那天却出现了面积很小的日偏食。

科学发展到今天，天文学家对月球的运动研究得很透彻了，用现在的计算方法推测日食和月食都不会差到 1 秒，沙罗周期也就不再使用了。

---

① 根据这个时期里有 4 个还是 5 个闰年来定。

大气层的小把戏

一位天文爱好者说，曾在 1936 年 7 月 4 日的日偏食时同时看到了被食的月亮和处于地平线的太阳。只要对日食和月食稍微有些了解的人都会说："这绝不可能，发生食相时月、地、日是处于一条直线上的。"但我要告诉大家，这是真的。

大家不必惊讶，其实这只是地球的大气层要的一个小把戏。天空中同时出现太阳和正在"被食"的月亮，是因为地球大气让经过的光线偏折了。这是一种叫作"大气折射"的偏折，由于这种偏折的作用，我们看到的天体位置都比实际的位置高出一些。在我们看见地平线升出太阳或月亮时，其实它们还在地平线之下。

法国天文学家佛兰马理翁说："这种奇特的天文现象在 1666 年、1668 年和 1750 年发生的几次日食中表现得最为明显。"在 1877 年 2 月 15 日的月食中，巴黎的太阳是 5 点 29 分落下，月亮也是在 5 点 29 分升起，但是开始月全食的时候太阳还没有落下。在 1880 年 12 月 4 日巴黎再次出现这种现象：那天的月食开始时间是 3 点 3 分，复圆时间是 4 点 33 分，月亮于 4 点上升，而太阳是在 4 点 2 分落下的，此时月球正好进到地球阴影的中间。

这样说来，看到这种现象的概率还是很大的。如果月

全食出现在太阳下落以前或上升以后，你只要站在可以看见在地平线的地方就行了。

你知道这些关于日食和月食的答案吗

一、有没有这样一种情况：一整年没有日食或者月食？

答：一整年没有日食的情况是不存在的，一年中出现日食的次数不会少于 2 次。但是经常出现一整年没有月食的情况，大约每隔 5 年会有一年出现这样的情况。

二、日食和月食分别会持续多长时间？

答：日食在赤道时持续的时间最长，全食时间有 7 分 30 秒，从初食到复圆有 4 小时 30 分，日食在高纬度的地方出现的时间要短一些。月食从初食到复圆有 4 小时；月全食的时间不超过 1 小时 50 分。

三、人们要用一片烟熏黑了的玻璃看日食，这是为什么？

答：太阳的光照是很强烈的，即使是日食的时候月影已经遮住了一部分，直接用肉眼看它，强烈的光线会将视网膜上最敏感的部分烧坏，导致长久的视力下降，想要恢复十分困难。如

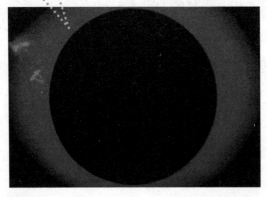

发生日全食的时候，可以清楚地看到月球身后的日冕所喷发出来的火焰。

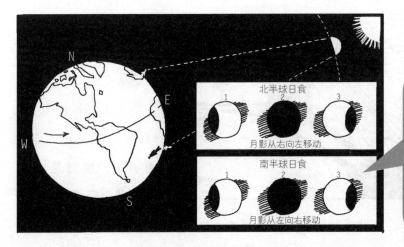

北半球日食
月影从右向左移动
南半球日食
月影从左向右移动

图 56 为什么北半球上的人观察到日食时日面上月影的移动是从右到左，而南半球上的人观察到的是从左向右？

果是通过熏黑了的玻璃看日食就不会出现这种糟糕的情况。只要拿一块玻璃，用蜡烛将它熏黑至透过玻璃能看日面的程度就行了。这样的玻璃能让人们看见日食却挡住了光芒或光晕对人眼的伤害。由于不能预知日食时太阳的亮度，想要观看日食最好准备几块熏得黑度不同的玻璃。

还有一种方法，就是把两块颜色不同的玻璃重叠在一起，如果是互补色的玻璃就更好了。如果有黑度合适的照相底片也是可以拿来看日食的。但是不要用普通的护目眼镜看日食，因为这样的眼镜达不到保护眼睛的目的。

四、在日食时，日面上会有一个移动的黑色月影。那么，这个黑色月影是向右移还是向左移动？

答：从北半球看，日面上出现的黑色月影从右向左移，这也是初亏（月影和太阳的第一接触点）总在太阳右侧的原因。从在南半球看则是从左向右移（图 56）。

五、一年会有多少次日食和月食？

答：一年中出现日食和月食的次数加在一起，大于等于 2，小于等于 7。例如 1935 年出现了 5 次是日食，2 次

图 57 在日食尚未结束时，树影中的光点是月牙形的。

是月食。

六、月食是从右边还是从左边开始？

答：在南半球，月球的右边首先进入地球的阴影，也就是说南半球月食从右边开始。在北半球则是从左边开始。

七、太阳在日食时所呈的月牙形与蛾眉月的月牙形有区别吗？

答：日食时太阳所呈月牙形的两弧是相同的（参看"难画的月亮"）。蛾眉月的月牙形，凸出的一边是半圆形，凹入的一边是半椭圆形。

八、在日食的情况下，树叶影里的光点呈月牙形。这是什么原因呢（图57）？

答：树叶影里的光点是太阳所呈的像，因此光点的形状随太阳形状的变化而变化。太阳在日食时成了月牙形，光点自然也成了月牙形。

月球的天气

我们居住的地球因为有大气，所以会出现云、雨、风等天气。但月球是没有大气层的，所谓的月球上的天气也

就只剩下月面温度了。

科学家已经发明了一种仪器，在地球上就可以测量到月球的温度。这种仪器是一根用两种不同的金属焊接成的导线，利用热电现象的原理，当导线上的两个焊接点其中一点比另一点热时，电流就会通过导线，两个焊接点的温度差异越大，通过导线的电流就越大。天文学家只要测量出电流强度，就可以知道被测量的目标传导到这根导线多少热量。这种仪器的个头非常小（仪器中起作用的部分重0.1毫克，长度不超过0.2毫米），但它有着惊人的敏感性，它能感觉到宇宙中13等星向地球传送过来的热量。这些13等星离地球极远，它们为微弱的星光是人类肉眼可见的1/600。人类要想观察到它们，不用望远镜是不行的。感知13等星的热量相当于感知一支远在几千米以外的蜡烛的微小热量，需要多么灵敏的导热性啊。而这种仪器就可以接收到13等星的热量使自己的温度提高（千万分之一摄氏度）。这种神奇的仪器不仅能够测量到远处天体的温度，而且对于个别天体还能精确到天体各个部分的温度。运用这种仪器，科学家测出了月球上不同时间、不同地点的温度。

在望远镜中我们可以看到月球的部分影像，想要测量哪个部分的温度，只要把仪器放

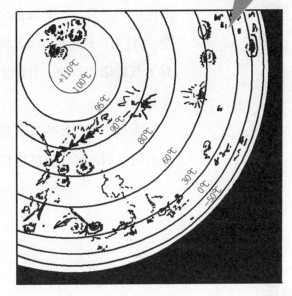

图 58 月面中央温度达到110℃，越靠近边缘温度越低，到达最边上时已经降到 -50℃。

在望远镜中图像的那个位置就可以得到相应的热量。根据这个热量，天文学家就可以计算出精确到10℃的月球温度。图58展示的就是测得的月面温度，满月时月面中心的温度竟超过100℃，这个温度已经达到了水在普通气压下的沸点。一位天文学家曾调侃地说："要是我们生活在月球上就不必使用炉子烧熟食物了，因为月面中心的每块岩石都可以发挥炉子的功效。"月面上其他地方的温度与距中心的距离成反比。在中心附近的温度降得比较慢，离月面中心2700千米的地方还有80℃的高温。在距离更远的地方温度急速下降，月面边上的温度已经是－50℃的低温，没有太阳光照射的一面能达到－153℃的超低温。

月球和地球的温度变化差异很大。地球因为有大气层的保护，处在夜晚没有太阳的照射时温度只降低2～3℃，而月球就大不一样了。在月食时太阳照射不到月球的表面，月面的温度会急剧下降。其中一次月食时月面温度记录显示，月面温度在1.5～2小时内从70℃骤降至－117℃，这可是200℃的落差。月球上温差大，除了没有大气的原因以外，月球上的物质热容量小、传热性差也是原因之一。

看来，要想实现在月球上生活的幻想，不单单要克服没有空气的问题，极冷极热的温度也是大麻烦啊。

第三章

行　星

白昼看行星

可曾有人通过望远镜在光明的白天去看行星呢？答案是肯定的，天文学家就经常如此。他们常常用各种形状不同的望远镜在白昼时观察行星，当然，这种观察的效果肯定远不如夜晚来得清晰。对于不同的望远镜，只要它的目镜半径达到 10 厘米，我们就可以通过它看到木星的形状和特征。虽然一般来说白天看宇宙没有夜晚清楚，不过针对水星而言，这恰恰相反。水星在白昼时恰好在地平线以上，方便观察，而到夜晚时，它远低于地平线，甚至会

按一定比例绘制，太阳系最大的行星木星比 1300 个地球加起来还大。土星拥有由冰和岩石颗粒组成的环系统，太空船已经在木星、天王星和海王星周围发现了类似的环和许多小卫星。地球的卫星月球较大，只比水星小一点点。

水星　　金星　　地球　　火星　　　　　木星

被地球的大气层不断扭曲，以至于我们看到的水星会很模糊，有时可能就完全看不到了。

其实在宇宙中的行星并不总是那么难见的，有时我们用肉眼就能看见几个。其中最常见的就是金星，它被认为是宇宙中最亮的行星，而在它最亮的时候我们人类是可以通过肉眼来观测的。法国天文学家弗朗索瓦·阿拉戈就曾经在一篇关于拿破仑的文章中提到，人们在正午时分看见了天空中的金星，以至于忽略了拿破仑的存在，引起了拿破仑的震怒。

如果想用肉眼去观察金星，可能在都市的街头比在旷野中效果更好，次数更多。因为金星的亮度很大，如果是在旷野，人们可能会由于直射的原因而损伤自己的眼睛，而街道上会因为高大建筑的阻挡，使得日光直射的威力减

土星　　　　　天王星　　　　海王星

少，更有利于人们的观察。历史上金星被观测到的情况常常被详细地记录在案，俄国诺夫哥罗就编有这样一部编年史，他在其中指出 1331 年金星出现在白昼。

根据科学考察，平均每 8 年就会在白昼看见一次金星，这时如果你对宇宙感兴趣，你就很可能会看见金星，幸运的时候甚至会看到木星和水星。

一直以来，有很多人都曾提出过这样的疑问：金星、木星和水星，谁的亮度更大一些？那么你知道答案吗？其实三颗星是同时出现在天空中，是同时发光的，可是在我们观察它们时，它们总是分别出现的，因此天文学家在经过无数次的观察和研究后得出了它们亮度上的区别，以下是按照五大行星的亮度由强到弱排列出的次序：

金星　火星　木星　水星　土星

至于它们各自的具体情况，我们下面再详细阐释。

行星符号的价值

图 59 是一些比较古老的符号，这些符号被天文学家沿用至今，他们用这些符号来表示宇宙中的太阳、地球、行星等，具体的符号代表意义，下面来具体解释一下。

图中墨丘利拿拄杖的那个符号指代的是水星，墨丘利

是天空中的商业之神，也是水星的保护神；一面手镜是
金星的代表，这是爱与美的象征，也是女神维纳斯的形
象；火星是热烈的行星，所以在古老的符号中，人们选用
了矛和盾来加以诠释，并由战神马尔斯来对其实施保护；
木星最为特殊，它不是任何器物的符号，而只是一个草体
的字母 Z，不过你千万不要小看了这个符号，它可是宇宙
之王宙斯的代称；最后一个符号是土星，它是命运之神
所具有的"时间大镰"（命运之神的传统属性）被扭曲的
再现。

　　上面五大行星的符号代指早在公元 9 世纪就开始使
用，而宇宙中还有很多的行星并没有那么早就被人们发现，

天王星、海王星出现得就晚得多，它
们是在公元 18 世纪末才被人们慢慢
发现的。天王星的符号是为纪念它的
发现者赫歇尔而设计的一个圆圈上
面一个 H；海王星发现于 1846 年，
它的符号设计是为了象征海神波塞
冬的三叉戟。冥王星被发现得最晚
（2006 年，冥王星被降级为矮行星），
它的符号是两个字母 PL 的合成，暗
喻地狱之神普路托。

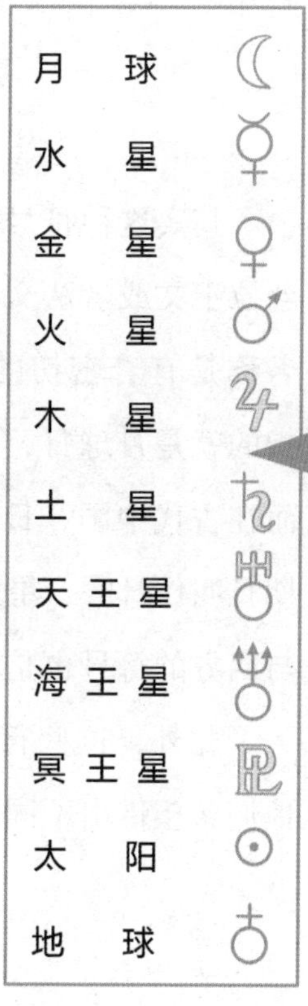

月	球	☽
水	星	☿
金	星	♀
火	星	♂
木	星	♃
土	星	♄
天	王 星	♅
海	王 星	♆
冥	王 星	♇
太	阳	☉
地	球	♁

图 59 太阳、月球和行星、矮行星的符号。

　　最后我们不能忽略了我们最为
熟悉的地球和太阳，它们的符号比较
简单，一般人一看就能明白，在这里
我们就不再详细解释了。其中太阳的

符号出现得最早，它早在几千年前就被古埃及人设计并使用了。

如果你对天文学感兴趣，你一定发现了在西方有一个很有趣的现象，他们那里的天文学家不仅用符号来表示行星，也用这些符号来表示星期。例如：

星期日——太阳的符号

星期一——月球的符号

星期二——火星的符号

星期三——水星的符号

星期四——木星的符号

星期五——金星的符号

星期六——土星的符号

其实这种符号的代称完全是文字相关的结果，如果你会拉丁文或者法文，你就会明白这些星期的名称和行星的名称是有着密切的联系的。例如在法文中，星期一 lindi 指的就是月球日，星期二 mard 就是火星日的意思，等等。而在古代中国、日本等国家，也有相关的说法，比如将星期日叫作日曜，星期一叫作月曜，星期二叫作火曜，等等，与西方的符号也是相辅相成的。

此外，这些行星的符号还被炼金术士用来代指金属，他们希望借由不同的金属来纪念不同的神灵：

太阳的符号——代表金

月球的符号——代表银

水星的符号——代表水

金星的符号——代表铜

火星的符号——代表铁

木星的蔚号——代表锡

土星的符号——代表铅

　　行星符号的作用非常广泛，除了我们上面说的星期和金属外，它们还被植物学家和动物学家拿来使用，动物学家用火星和金星的符号分别表示雄性和雌性。植物学家用太阳的符号来表示一年生植物，然后再在太阳符号上稍作修改用来表示其他生命周期不同的植物；其中多年生草是用木星来表示的，而灌木和树则是土星的符号。

太阳系模型
的不可实现性

　　在这个世界上，有很多东西是我们无法用纸笔加以描绘的。例如我们很好奇的太阳系，它就无法在纸上被很好地再现出来。也许你会反驳说我们现在经常能看见很多有关太阳系的图片，可是我要说那并非是完整的太阳系，而只能称之为被扭曲的行星轨道图，因为行星本身是无法被安放在纸上的。

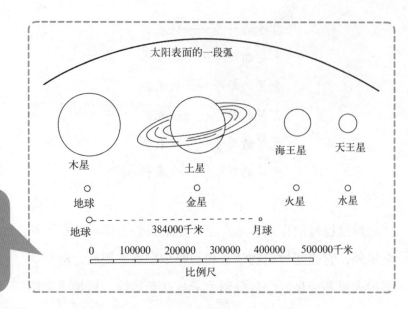

太阳表面的一段弧

木星　　　　　土星　　　　　海王星　　天王星

地球　　　　　金星　　　　　火星　　　水星

地球　　　　384000千米　　　月球

0　　100000　200000　300000　400000　500000千米

比例尺

图60 行星和太阳的大小比较，日球可以容纳月球的整个轨道。

太阳系本身是一个巨大的天体，在它的里面有几个十分微小的物质微粒，而行星的体积与它们之间的距离相比就更加不值一提，但为了研究的方便，我们姑且将太阳系和行星等比例缩小，放到一张纸上来加以分析（图60）。

我们按 1：15000000000 的比例，把地球做成别针头那么大，这样月球的半径就是 0.25 毫米，应该被安放在别针头 3 厘米的地方，而太阳的体积大约就是 10 厘米，与地球的距离就是 10 米。此时若我们将这个画面看成是一个大厅，那么太阳这个网球就占据了大厅的一角，另一边则是一个小小的别针头，由此我们发现，在整个宇宙中空旷的面积远甚于物体占据的面积。虽然网球和别针头之间还有水星和金星的存在，可是以一颗半径约为 0.33 毫米的水星和一颗等同于别针头大小的金星的体积来说，这个大厅的整体布局并没有多少改变。

此时我们切不可忽略了另一颗行星的存在，这就是半径 0.5 毫米、离网球 16 米、离别针头 4 米距离的火星。火星与地球的距离是两个世界间最近的距离，它们平均每 15 年就会彼此靠近。在太阳系的这个模型中，火星附近一无所有，可事实上火星是有两个卫星的，只是这两个卫星对于这个被等比例缩小的模型而言，体积太小了，完全无法体现。而像这样只有细菌般微小的行星，其实还有很多，它们环绕在火星和木星之间，与模型太阳间保持了约 28 米的距离。

木星在实际天体中是非常巨大的行星，可是在这个模型里也只能用半径 0.5 毫米、与网球（太阳模型）相距 54 米的小球来加以表示。而在分别距它 3 厘米、4 厘米、7 厘米、12 厘米处有 4 个相对较大的卫星环绕，而那些细菌大小的卫星中最远离木星有 2 米的距离，因此在整个模型中，木星系统的半径约有 2 米。这比"地球—月球"系统要大得多，可是比起木星轨道，又不值一提了。

至此，我想大家都能感觉到想将太阳系画于纸上是一件多么困难的事情。如果在纸上，木星需要离太阳 100 米；土星半径 4 毫米，周围 9 个卫星分别在半径为 0.5 米之内的圆圈里运动；天王星类似一颗

水星
金星
地球
火星

太阳系八大行星比例示意图

木星

土星

天王星

海王星

绿豆，距离太阳模型 196 米；海王星与天王星体积相似，但在模型里比天王星距太阳的距离更远，约有 300 米；冥王星半径略小于地球，在模型里距离太阳最远，为 400 米。

此外，在这个模型里还得有很多彗星的存在，它们同样围绕太阳做椭圆形的运动，公元前 372 年、公元 1106 年、1668 年、1680 年、1843 年、1880 年、1882 年（两个彗星）和 1887 年出现的那些彗星，几乎每 400 年绕行太阳一周，其中离太阳最近时不足 12 毫米，但最远时却有 1700 米，因此如果通过这些彗星的位置来确定模型的话，那么这个模型需要直径达到 3.5 千米才行，可是这么大的模型里却只有 1 个网球、2 颗小李子、2 颗绿豆、2 个别针头、3 颗更小的微粒而已。

因此我们现在可以肯定地说，通过等比例缩小的方式将整个太阳系放入一张图上是无法实现的。

水星上有大气吗

行星上，看似无关的事物间，常常有着某种隐含的密切联系，例如大气的存在和行星自转一周的时间之间，这两个似乎风马牛不相及的事物，其实是紧紧相连的。下面我们以水星，这个离太阳最近的行星为例进行分析。

水星作为一个独立的行星，是有重力的，有重力按说就有大气的存在，除了大气密度会略小于地球以外，其大气成分应该完全与地球上一样。同时在水星上，要克服重力必须达到4900米/秒的速度方可，这是地球上任何大气所无法达到的速度。

可是尽管如此，事实上水星上仍是没有大气存在的。我们都知道月球上没有大气，而水星缺失大气的原因和月球类似，都是因为它们在做公转运动时，只用同一面朝向环绕中心的天体。水星绕太阳，而月球绕地球，因此水星永远朝向太阳的一面就是炎热的白昼，另一边则是寒冷的黑夜。尤其是水星距离的路程是地球距离太阳的0.4倍，换言之，水星上所接收到的太阳光照就是地球上的6.25倍，想想我们夏日的阳光是多么毒辣，就可以设想到水星上的白昼该是多么的炎热了。反之背阳的一面，又该是多么的严寒和阴冷，据科学实验所得，这里的寒冷将接近-264℃。而在日夜冷暖交替的中间地带，存在着宽约23°的狭长区域，这里时热时冷，时明时暗。

那么在这两个极端的水星上，大气又该出现什么情况呢？黑暗的一边，因为温度很低，气体早已凝固成了固体，大气压力降低，而光明的一边，气体不断膨胀，一定也会慢慢向黑暗的一边流动，而一旦流动到这边时又会被固化，因此长年累月下来，水星上的气体会全部固化到黑暗的一边，而致使整个水星上不再有大气的存在。

水星是颗娇小的行星，有着固态的内核。

同理，月球上也是因为同样的原因而致使大气流向了黑暗的一面，最后固化消失。这里我们联系前面提到的威尔斯所写的小说《月亮里的第一批人》，作者通过主人公之口说出月球上是有空气的，只是这些大气先凝成液体再不断固化，最终在白昼时分才会被感受到。事后，霍尔孙教授曾经据此发表过自己的理论，他认为："月球上并没有空气，至少没有能让人感觉到的空气，因为大气在月球黑暗面时会固化，而光明一面的空气又会不断膨胀到黑暗的一面，继而固化，所以在月球上无论何时何地都是无法感觉到空气的存在的。"

既然科学让我们推断出水星和月球上没有大气，那么科学也同样向我们展示了金星上是肯定有大气存在的，并且金星的平流层上还会有超过地球大气含量 1 万倍的二氧化碳的存在。

金星位相的发现

相信大家对天才数学家高斯都不陌生，他曾在数学事业上创造了无数的传奇，可是很多人不知道的是，其实他也是一名著名的天文爱好者。

他在很早以前就通过望远镜看出了金星的形状和位置，并试图将这项发现展示给自己的母亲。他让母亲在一个星光璀璨的夜晚，用普通望远镜去看星空，本来是希望母亲看到月牙状的金星，可是结果让高斯大为吃惊，因为他的母亲竟然通过望远镜看到了金星的位相，她竟然发现月牙形的金星是朝着相反的方向。而在此之前，高斯从未注意过金星的位相，甚至都没想到过原来金星和月球一样也是有位相的。

而针对金星的位相而言，它有着很独特的地方，如图61所示，当金星的直径为月牙形时，它的位相要比直径为满轮形大得多。而这种不同完全是因为行星与我们之间的距离是随着位相一起改变的。我们通过计算可知，金星距离太阳的路程是10800万千米，地球距离太阳的路程是15000万千米，因此金星与地球间的距离是在4200万千米至25800万千米浮动。

因此当金星离我们最近时，它面向我们的是黑暗的一面，因此它的直径越大时，我们就越看不清，而随着距离越来越远，满轮形慢慢变成了月牙形，直径也就越来越小。不过对我们而言，金星最明亮的时候，其实既不是满轮时，也不是直径最大时，而是在直径最大日开始算起的第30天，这天我们看见金星的直径视角是40″，月牙形宽度视角是10″，此时它将是天空中最闪亮的一颗星星。

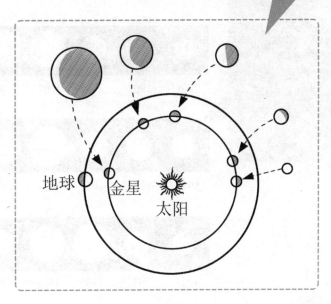

图61 从望远镜里看到的金星的位相。金星在不同的位相为什么有不同的直径？

地球　金星　太阳

大冲时间的计算

众所周知，火星和地球每 15 年相遇一次，此时它们之间的距离最近，此时就被天文学称为火星的大冲时期，而最近（作者别莱利曼著本书时）两次火星的大冲的时间分别是 1924 年和 1939 年（图 62）。可是为什么火星和地球相遇的时间是 15 年一个轮回，这个疑问至今迷惑了很多人，而事实上这个原因很容易得到解释：

地球公转一周的周期是 365 日，火星是 687 日，如果让地球和火星从第一次相遇到下一次相遇，之间经历的时间一定是它们各自公转年份的整倍数，用数学公式表示就是：

图 62 火星在 20 世纪上半段各次冲期的视直径的变化。可以看出，在 1909 年、1924 年和 1939 年出现了大冲。

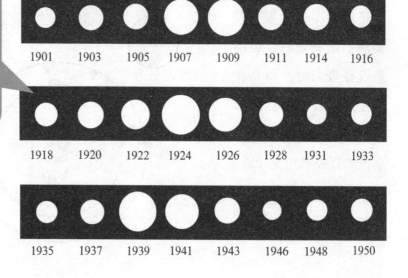

| 1901 | 1903 | 1905 | 1907 | 1909 | 1911 | 1914 | 1916 |

| 1918 | 1920 | 1922 | 1924 | 1926 | 1928 | 1931 | 1933 |

| 1935 | 1937 | 1939 | 1941 | 1943 | 1946 | 1948 | 1950 |

$$365\frac{1}{4}x = 687y$$

或 $$x = 1.88y$$

得出 $$\frac{x}{y} = 1.88 = \frac{47}{25}$$

把这个分数化成连分数，就可以得到：

$$\frac{47}{25} = 1 + \cfrac{1}{1 + \cfrac{1}{7 + \cfrac{1}{3}}}$$

如果取前面三项求得近似值，那么，

$$1 + \cfrac{1}{1 + \cfrac{1}{7}} = \frac{15}{8}$$

由此我们知道：15 个地球年等于 8 个火星年，因此火星想要与地球相遇，最快也得经过 15 年。同理我们也可以得出木星与地球相遇的时间：

$$11.86 = 11\frac{43}{50} = 11 + \cfrac{1}{1 + \cfrac{1}{6 + \cfrac{1}{7}}}$$

近似值是 $\frac{83}{7}$，换言之，83 个地球年等于 7 个木星年，因此它们之间想相遇至少需要 83 年，而那时将是木星最亮的时候。1927 年是最近的一次木星大冲，故此推断 2010 年将是下一次木星大冲的日期，届时木星将与地球的距离最近，约为 58700 万千米。

不谈火星

  我知道说到这里，很多人一定很好奇有过无数传说的火星的故事。但是遗憾的是本书却不打算涉及这个话题，因为就目前（作者别莱利曼著本书时）的科学知识显示，关于火星上的一切都还只是传说，至今无法得到证实。

  如果你去询问天文学家，他们可能会告诉你他们对于火星的想象，他们可能认为火星上气候寒冷，空气稀薄，人类很难生存，而一些不善言辞的天文学家更可能直接告诉你，我们什么都不知道。

  火星对于我们而言，至今是个谜。它的上面可能有潮湿的平原，有强大的运河，有生物的存在，甚至可能有生

火星探测器拍下的火星表面照片

命的征兆，可是这一切都只能是也许，谁也无法给出确切的答案，而我们这本想为大家传递的却是一些已经被证实的、科学的知识。

解密木星

下面我们来说说太阳系最大的行星——木星。木星体积巨大，约有地球的 1300 倍，因此它对周围的卫星具有强大的吸引力。在它的周围有 11 个卫星，其中Ⅰ、Ⅱ、Ⅲ、Ⅳ四颗卫星早在几百年前就被著名的天文学家伽利略所发现，而Ⅲ和Ⅳ这两个卫星，与水星体积相当，下面就是木星周围的卫星与火星和月球的比值关系：

火星	直径 6770 千米
水星	直径 4800 千米
月球	直径 3480 千米
木星的卫星Ⅰ	直径 3730 千米
木星的卫星Ⅱ	直径 3150 千米
木星的卫星Ⅲ	直径 5150 千米
木星的卫星Ⅳ	直径 5180 千米

　　图 63 是上表的图解。大圆代表木星；图上并列的小球代表地球；在右边的是月球。在木星左边的圆是它的四个卫星。在月球右边的是火星和水星。大家在看图时，一定要注意这里画的图是平面图，每个圆的面积之比与它们的体积比并不符合。例如，木星的直径是地球的 11 倍，体积就是地球的 113 倍，因此体积比就应该是 1300：1。由此我们在看图时，一定要通过换算来确定木星的准确大小。下表是木星和其他卫星间的距离：

> 图63 木星和它的卫星（左）同地球、月球、火星、水星（右）大小的比较。

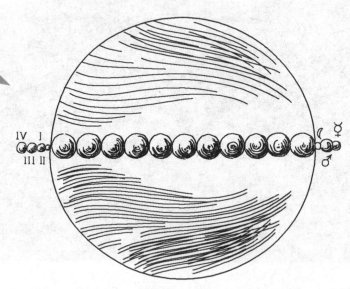

绕木星轨道飞行的"伽利略"号探测器

距离	千米数	比值
从地球到月球	380000	1
从木星到卫星 III	1070000	3
从木星到卫星 IV	1900000	5
从木星到卫星 IX	24000000	63

　　由上表的距离我们可以发现，木星不愧为太阳系最大的行星，将其比作一个小型的太阳也不为过，木星的质量是所有行星质量和的两倍。因此如果有一天，太阳消失了，那么木星将会成为宇宙的中心，所有的行星就将围绕木星运动。

　　其实，除了质量大以外，木星和太阳的相似点还有很多。它们密度相近，只是木星的形状更扁平一些，外面覆盖着厚厚的冰和大气。此外随着科学的发展，科学家发现木星外的气层温度是 $-140℃$，这样的低温使得木星上的很多物理现象无法得到解释。后来，人们又发现木星和土星上还有氨气和沼气的存在。

119

土星上的环
真的消失了吗

　　我们都知道土星的外面是有一层光环的，可是1921年地球上广泛流传着一则谣言，说土星外面的环将会破裂，碎片四散各处，还会与地球相撞，引起灾难，谣言说得很具体，甚至连灾难发生的时间都提到了……

　　今天我们知道这只是场谣言，可是当时确实震动了很多人，其实之所以会被人们传说土星上的环消失，完全不是人们想象中的环破裂，与地球相撞，而只是一种自然的天文现象，就是天文年历上说的土环"消失"。

　　而造成这种消失的原因也很简单，土星的环相对于它的宽度而言，是很薄的，因此，当环以侧面面对太阳时，太阳是无法照到环的两面的，因此有一面就会看不见环的存

图64 在土星绕日一周的29年里土星的环和太阳的相对位置。

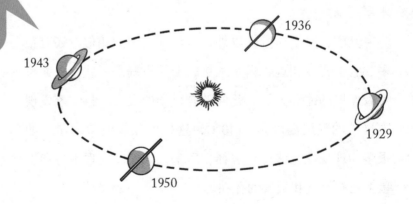

在，同样当环的侧面面对地球时，我们也无法看见环。这
就是土环消失的真正原因，而远不是人们所
谣传的环要破裂，并且还与地球相撞。

土星的环和地球轨道平面之间是
27°的倾斜角，当土星绕太阳做公转
的过程中，总会出现一个时
间，土星的某条直径上两
个端点相对时，土星的
环会正对地球，而侧对太阳，如图64所示的情况。那么当
出现这种情况时，就会有另两个点与它们呈直角关系，那
么这个环就会把最宽的一面对着太阳和地球，这就是天文
学上俗称的"展露"。

土星及其醒目的
光环

字谜中的天文发现

土星光环的消失曾经让伽利略备感意外，他曾清楚地
看到这个光环，却不明白这个环为什么又会突然消失呢。
为此伽利略做了很多的研究，不过遗憾的是，他最终都没
能得出结论。而在科学界，有个不成文的规定，如果一个
人有了任何独创的发现，即使他还未能做出最后的解释，
他也会为了保留自己的发现权，而想到用字谜的方式将
自己的发现公布于众。而字谜的具体设计办法，则是将自
己的发现改编为一个简单的句子，然后将次序打乱加以发

121

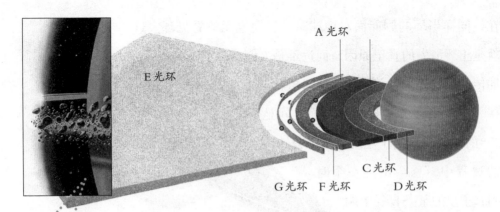

土星光环特写
图片

表。这样这位发明者就可以有更多的时间来进行深入研究而不用担心别人会捷足先登。如果最终试验发现自己的发现是正确的，那么他就会自己把字谜破解，然后让世人了解这项发现。

而这种字谜游戏伽利略当时就做过，他将自己对于土星附近环的发现用这样的字谜发表出来：

Smaismermilmepoetalevmibuneunagttaviras

当然，如果想很快从这些凌乱的字母中了解伽利略的发现是很困难的，可是如果有人愿意花大量的时间，找出规律也不是毫无希望的。对于这 39 个字母，总共有

$$\frac{39}{3!\ 5!\ 5!\ 4!\ 5!\ 2!\ 2!\ 3!\ 2!\ 2!\ 2!}$$

这个算式算到后来，等于 $\dfrac{39!}{2^{19} \times 3^6 \times 5^3}$

也就是说这 36 个字母总共有这么多种组合方式，即使我们把一年的时间换算成秒，也得千万年才能逐一算出，可见伽利略的保密工作做得还是很到位的。

可是居然真的有人花了大量的时间和耐心来破解伽利略的字谜，意大利物理学家多普勒在无数的计算后，最终

将这个字谜简化为：

Salve umbestineum geminata Martia proles

这是拉丁文，翻译过来就是：向，双生儿，火星的产生，致敬。

由此多普勒认为伽利略已经发现了火星附近有两个卫星，而对此他自己也曾有所怀疑，但是直到 250 年后，这两颗卫星才被人真正发现。彼时，多普勒猜错了，其实伽利略那段字母正确的排列顺序是：

Altissimam planetam tergeminum observavi

意思是：我曾看见最高行星有三。

原来伽利略在自制望远镜的帮助下，确实看到了土星附近有东西在环绕，连同土星在内是三个，当时伽利略还无法确定另两个东西究竟是什么。之后出现土星环消失事件，伽利略就认定之前一定是自己眼花，根本不存在那样的两个东西。

半个世纪后，土星环终于被科学家惠更斯发现，但在发现伊始，他也是用字谜的方式发表的：

Aaaaaaaccccccddddddghiiiiiiiilllllmmnnnnnnnnnn

oooppqrrsttttttuuuuu

终于在三年的辛苦研究后，他确定了自己的发现，也揭开了字谜的真正次序和含义：

Annulo cingitur tenui, plano, nusquam cohaerenle, ad Eclipticam inclinato

（有环环绕，单薄而平坦，四处不相互接触，与黄道倾斜着相交。）

小行星的出现

我们常说的八大行星，并不是指太阳系中只有这八个，而只是这八个相对更大一些。事实上，太阳系中还有很多的小行星，它们都围绕太阳运动，其中最大的一个是半径为 770 千米的谷神星，谷神星的体积比月球小得多，它与月球的比例关系等同于月球和地球的关系。

谷神星是于 1801 年 1 月 1 日被发现的，而在这个世纪里共有 400 多颗行星被发现出来，巧合的是，这些被发现的行星还都出现在火星和木星之间，据此，很多人认为这些小行星一定是在这两个大行星之间的轨道中运转。

然而随着时间的推移，小行星的活动范围越来越大，1898 年发现的爱神星就已经突破了火星和木星的中间轨道，而与它们开始有了交叉。1910 年发现的希达尔哥星更是与木星相交后，又与土星距离越来越近了。希达尔哥星是为纪念墨西哥战争中牺牲的革命烈士希达尔哥和卡斯第利亚而取得，是目前所有行星中轨道最扁的一个，它与地球轨道的倾斜角大于 49°。

26 年后，科学家发现了比希达尔哥星椭圆轨道更扁的行星，它叫阿多尼斯，它的活动范围更广，一头远离太阳，另一头几乎与水星相接。

而科学家为了能方便记录，他们对于小行星的登记法非常有创意。他们先写出小行星发现的年份，然后将一年12 个月分成 24 个半月，分别用不同的字母表示，他们会在登记小行星时用字母指代出发现的半月份。

如果同一个半月里发现了多个小行星，那么科学家就会在字母后再排上次序，而若 24 个字母都已经不够用时，他们就会再从 A 开始，只是会为 A 做上标记。例如 1932E 指的就是该行星发现于 1932 年 3 月上半月，排序第 25 个行星。

虽然随着科技的发展，科学家对小行星的发现越来越快，越来越准，不过我们相信宇宙中还有更多的行星等待我们去发现和掌握。

小行星的体积各不相同，但大多比较小，像谷神星或智神星已经算是大型的行星了；此外有 70 多个半径 100 千米的行星，而更多的小行星半径只有 20 ~ 40 千米，当然半径为 1 ~ 2 千米的小行星也是存在的。虽然我们前面说，目前发现的行星数量还很有限，不足总数的 1/20，可是即使加上未发现的行星，总质量也不会超过地球质量的1/1600。

涅维明是苏联人，他也是研究小行星方面的资深专家，他就曾说过：

不仅小行星的体积大小不一，其实它的物理特性也是千差万别的。由于小行星的表层是由不同的物质组成，因

在火星和木星的轨道中间有一个小行星带，那里是陨石的故乡，当小行星沿轨道运行靠近地球时，有些便离开故乡，想到地球上安家落户。

125

此在反射太阳光的能力这一项上都各有不同。像是之前说的谷神星和智神星，它们的反射能力就和地球黑色部分的岩层接近，而婚神星则与浅色部分的岩层一样，灶神星和白雪反射太阳光的能力相当。

而由于小行星的自转作用，它们不仅会发光，甚至还会出现周期性的变化。

距离地球近的小行星

上一节我们提到了一个小行星，它的轨道非常扁，与彗星的轨道差不多，它叫阿多尼斯。其实阿多尼斯还有一个特点非常著名，那就是它与地球间的距离非常小。从它发现伊始，它与地球间的距离就仅次于月球，可是由于月球只是卫星，因此我们可以说阿多尼斯是离地球最近的行星。

此外就应该算是阿波罗了，阿波罗半径不足2千米，是目前已知的最小的行星。它与地球的距离是300万千米，比起火星的5500万千米，金星的4000万千米，这个距离实在是小得多了。不过比起离地球的距离，阿波伦与金星更为密切，它们之间的距离仅只20万千米而已。

还有一个行星的距离离地球也很近，大约与月球相当，它的名字叫赫尔麦斯，距离地球大约50万千米。

由此可能很多人认为，这样的距离早已无法称之为小了，可是在天文学中，数字的变动是很大的。例如一个小行星，如果它的体积是 520000000 立方米，假设质地为花岗石，那么它的重量将是 1500000000 吨，而这些重量足以造 300 座金字塔了。因此我们不能将天文学上的大小与我们的日常生活进行比较。

"特洛伊英雄"

在目前已发现的 1500 个小行星中，有一些行星的名字很独特，它们以古希腊特洛伊战争中的英雄来命名，像是阿喀琉斯、巴特罗克尔、赫克托耳、涅斯特利安、阿伽门农等。而且这些行星与木星和太阳形成了一个等边三角形，它们与木星的位置不是前面 60°，就是后面 60°，所以天文学家将它们视为木星的伴星。

我们都知道三角形具有稳定性，因此这些行星和木星、太阳间形成的三角形也是相当稳定的，即使一些行星偶尔会偏离轨道，也会在引力作用下很快被吸引回来。

法国数学家拉格朗日早在这组行星被发现前，就已提出了天体间稳定性问题，不过当时他认为宇宙中并没有这样的三个天体。但是现在我们知道他的结论是错误的，这组"特洛伊英雄"的发现既驳斥了拉格朗日的结论，但同时又证实了他的稳定说。由此可见，天文学的发展与天体的发现密不可分。

太阳系里的各行星

之前，我们已经到过月球、地球和其他天体上"旅游"了一趟，现在让我们把视线放开，让我们一起飞到太阳系上，去那里领略不同的风景。

先让我们来到离太阳很近的行星——金星上来看看。金星离太阳和地球的距离都不远，如果金星外层的大气是可视的话，那么在金星上我们既可以看见太阳，也可以看见地球，而且这里的太阳要比地球上看大一倍，而看到的地球更是非常明亮。其实地球上也是能看见金星的，只是由于金星的公转轨道在地球之内，因此当金星与地球最近时，我们反而看不到金星，只有当它离开地球，我们才能看见，可是这时看见的金星都只是不完整、不明亮的了。而地球在金星空中时，却像火星大冲一样，是完整且明亮的，这种亮度是地球看金星的 6 倍多。当然这一切都源自于金星外层大气是透明可视的。事实上，金星上常会出现灰色光现象，早先科学家误以为这种灰色光是地球照耀的作用，其实金星上所能接收到的地球光是很有限的，大约只相当于一根普通的蜡烛光线，而且还是在 35 米外的蜡烛，由此这种光度我们可想而知，是绝对无法引起金星上的灰色光现象的。

金星天空中所接收到的地球光往往不是单一的，而是

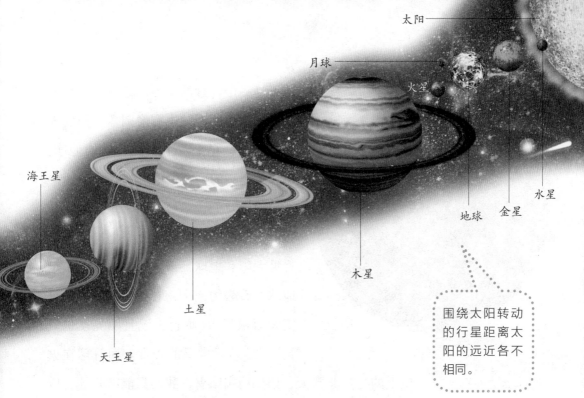

太阳
月球
火星
地球
金星
水星
木星
土星
海王星
天王星

围绕太阳转动的行星距离太阳的远近各不相同。

与月光相伴出现的，地球和月球同时照耀在金星上的光亮是很清晰的，所以肉眼是无法分辨出金星天空中的究竟是地球还是月球，只能通过距离。而如果借助望远镜，那么情况就远远不同了，我们不仅分辨得出地球和月球，甚至连月球上的小微粒都可以看得清清楚楚。

水星也是金星天空中一颗闪亮的星星，虽然我们在地球上也能看见水星，可是金星天空中的水星亮度是地球的3倍多，所以水星又被誉为金星的晨星和昏星。不过火星的情况恰恰相反，金星天空中看到的火星亮度还不足地球上的40%，甚至都不及木星来得明亮。

虽然各个行星的位置各不相同，不过它们在空中的轮廓却没有什么区别，不论我们是从哪个行星上看，看到的图案都大致相同，毕竟这些星与行星的距离都相距太远了。

接下来我们到一个没有空气、没有昼夜的行星上来，

火星上的"水手号"峡谷就像是长在火星表面上的一道巨大的疤痕。

这里是一个奇妙的世界,这就是水星的世界。水星的天空中有像圆盘一样的太阳,有比金星上看上去亮一倍的地球,还有最明亮的一颗星就是美丽的金星。

前面我们说了金星和水星,现在让我们再来说说火星吧。火星上同样可以看见太阳和地球,只是这里的太阳不足地球上看去的一半,看见的地球也只是实际面积的 3/4 而已,况且明亮度也只等同于地球看木星的程度。而月球在火星上的亮点非常大,如果用肉眼看,我们只能将月球看成是一个明亮的星星,可是如果用望远镜,那么连位相的变化都能一览无余。

不过最让火星出名的还是它的卫星,福波斯是卫星中最著名的一个,它的直径不足 15 千米,可是由于与火星的距离近,使得它的光亮仍然让人清晰可见。在福波斯的天空中有一个不断改变位相的庞大圆面,它的光亮超过我们的月光几千倍,它的圆面倾斜角是 45°。这个光亮的圆面就是火星,而这样的奇景此外只有在木星的卫星上有望见到。德莫斯相对福波斯而言要暗沉得多,不过在火星上看来它们的明亮度就远甚于地球。只是这些我们都无法用肉眼看到。

现在让我们来到最大的行星——木星上来。木星接受的光照比较少,以至于木星的天空中只能看到 1/25 的太阳,因此在木星上白昼非常短,大约只有 5 小时,其余全

光环的外圈而已。只有当纬度在 64°～35° 时，光环才会看得越来越清楚，当正处于 35° 时，光环的清晰度和亮度都将达到最大值，此时光环的视角恰好达到 12°，这是视角的最大值。而当超过这个范围之后，光环又会慢慢变模糊，变狭小，当恰处于土星赤道时，人们所能看见的就将是一条狭长的带状光环。

此外，我们需要切记，土星并非是永远明亮的，我们所能看见的光环都只是因为我们面对的是土星被阳光照射到的那一面，另一面则全然黑暗。两面的转换需要半年的时间，因此我们是前半年看到这边，后半年看到另一边，而且都还只有在白昼时才能看见，如果是夜晚，光环往往只能出现几小时就又将陷入黑暗之中。其中土星最大的特点是，地球上的人是永远看不见土星的赤道的，土星的赤道对于地球而言，永远是深藏在黑暗中的。

而如果我们站在距离土星最近的一个卫星上，我们此时看到的土星将是绚烂且美妙的。尤其是当土星和光环呈现月牙状时，月牙的中间部位像一个狭长的腰带，这是侧面的光环，环绕周围的也是小小的月牙，这景致怎能不让

图67 怎样决定土星表面各点看见环的程度，在土星的极区和纬度64° 中间，看不见一点环。

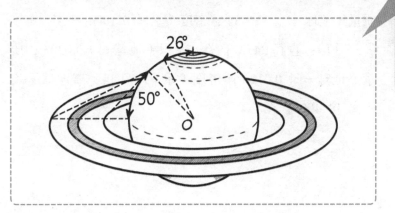

133

人流连呢。

上面我们分别介绍了太阳系上几个主要的行星，现在我们根据亮度将它们进行一些归纳排序，从亮到暗分别是：

1. 水星天空的金星　　8. 金星天空的水星

2. 金星天空的地球　　9. 火星天空的地球

3. 水星天空的地球　　10. 地球天空的木星

4. 地球天空的金星　　11. 金星天空的木星

5. 火星天空的金星　　12. 水星天空的木星

6. 火星天空的木星　　13. 木星天空的土星

7. 地球天空的火星

其中4、7、10三项（地球天空的行星）我们之所以特别标出，是为了作为其他亮度的参考依据，我们可以根据与它们三个的亮度差距来确定它们各自的情况。此外，我们还可以发现，在整个太阳系的行星中，地球的亮度还是非常靠前的，比金星、木星等都要亮得多。

最后，让我们再提出一些有关太阳系的数字，方便大家进一步研究和学习。

太阳：直径1390600千米；体积（地球=1）1301200；质量（地球=1）333434；密度（水=1）1.41。

月球：直径3473千米；体积（地球=1）0.0203；质量（地球=1）0.0123；密度（水=1）3.34。离地球平均距离384400千米。

第四章

恒　星

谁创造了璀璨的恒星

　　首先，我们先来讨论一个大家都很感兴趣的问题，是谁创造了宇宙中闪闪发光的星辰，是上帝，还是自然？对于这一问题，有人会说璀璨的星空是自然力的杰作，而有人则会坚持，是上帝一手创造了这美丽的胜景，那么，到底谁是这一现象的功臣？在这儿，我们试着找一下真相。

　　有很多科学家和科学爱好者都对星星进行过研究，比如，早在400年前，达·芬奇指出："如果你用针尖在纸上刺一个小孔，然后把眼睛紧贴在小孔上去看，你就可以看到一颗小到不能再小的星星了，这个时候你可以发现，这颗星星是不发光的。"遗憾的是，达·芬奇只是指出了这一现象，但没有说出它的原因，星星因而变得更加神秘，引发更多人去探寻其中的奥秘。

　　懂得物理学的人都知道，我们无法看到真正的光线。在地球周围的浩渺的宇宙空间内，无论是白天还是黑夜，太阳都在时时刻刻地照射着，使得这片空间内充满了光线，可是没有人看见过这片空间在发亮（图68）。事实情况是，并不是光线本身被我们看到，我们所见到的只是空气中被光线照亮的灰尘微粒。但数光年的距离已远远超出了我们肉眼的能力范围，即使是恒星外面的充满尘土的大气层，我们也是无法看到的。那么，为什么我们在夜晚能够看到美丽的恒星?

当外部原因研究不通时，让我们把思考的目标转到自身，来挖掘一下人类自身这一神秘的宝藏。科学证明，我们的眼珠是极巧妙的器官，它并非十分透明，也不像人们想象的那样，像极好的玻璃透镜那样构造均匀，它们其实是一种纤维组织，赫尔姆霍尔兹在"视觉理论的成就"的一篇演说中曾发表过这样的观点：

光点在眼睛上所成的像，常常错误地带上了光芒。它的原因在于构成眼珠的纤维的排列方式，正常情况下，它们是依六个方向排列成辐射状的，那些好像从发光的点——像恒星、远处的灯火——射进眼珠的看得出的一条一条光线，其实不过是眼珠的辐射构造的表现罢了。由于众人的眼睛都具有这一构造缺陷，这使得上述错误成了一个普遍的共识，人们也都一致性地把一切辐射状的图形都叫作了星形。

根据上述理论，我们才恍然大悟：原来，恒星的光芒不是得益于其自身，其中的奥秘存在于我们的眼睛里，是我们自己创造了璀璨的恒星。

赫尔姆霍尔兹的理论正好解释达·芬奇提到的那个神奇的现象：当我们透过一个极小

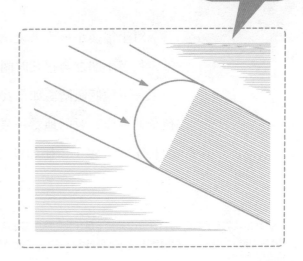

图68 在地球周围的宇宙空间，除了地球的锥形阴影之外，到处都是太阳光，但我们并没有看见光：从地球上夜间的那个半球看过去，宇宙阴沉沉的。

的孔去看星星时，进入眼睛的只能是一条极细的光束，当它来到眼珠的中心部分时，眼珠的辐射构造无法再发挥它原来的作用[①]，我们接收到的，就只是真实的那一点单一亮光了，因此，恒星原本的星状光芒也就不复存在了。也许，这是人们补救眼珠上述缺点的唯一办法，它使得我们可以在不借助望远镜的情况下，看到不带光芒的群星。

然而，我们可以自豪地说，是我们自己创造了璀璨的恒星，使得我们在夜晚可以拥有绚丽的天幕。并且，我们也要庆幸地承认：如果我们的眼睛在器官构造上变得更完善一点，我们就会彻底失去璀璨耀眼的星空，那时，黑色的夜幕留给我们的，不会再是光芒四射的群星，而仅仅剩下一些发光的小点罢了。

星星真会眨眼睛吗

对于很多小孩子来说，星星最可爱的特征就是眨眼睛了，很多小朋友会很长时间地仰望天空，就是为了看星星一下一下地眨眼睛。如果我说，许多严肃的科学家们也和孩子们一样长时间地看星星眨眼睛，请你不要惊奇，这样的科学家太多了，比如佛兰马利翁，他在描述星星时说：

---

①提到恒星的"光芒"时，这里说的并不是在我们眯缝着眼睛看星星时所看见的那种好像是从星星上伸到我们眼前来的光线。这时所看见的现象是由眼睫毛的光的绕射作用而起。

在南十字座周围繁华的区域，明亮的银河从我们的视线中穿过。

"这种时明时暗，忽白忽绿忽红的光，像晶莹夺目的钻石一般闪烁着，使星空显得生动，人会不由自主地把星看成会向地球眨眼的眼睛。"

为什么星星会眨眼睛呢？许多孩子只是喜欢而没有搞清楚其中的道理，但被同样喜欢观察星星的科学家搞清楚了。他们同时弄明白的还有如下问题：为什么有的恒星还会改变颜色，为什么不同的星星闪烁的速度不一样。下面，我们来具体解释一下。

其实是不稳定的大气使星星散发出的稳定的光变得闪烁不定。星光在来到我们的眼睛以前必须经过地球的几层大气，各层大气的温度、密度各不相同，星光好像经过了许多个三棱镜、凸透镜和凹透镜，光线在此过程中经过了多次的偏折，时而会聚，时而分散，其明暗也因此随时改变。如果我们来到不稳定的气层上面，我们就会看不见星星的闪烁，而只能看见稳定不变的星光了。星星闪烁的幅度也是不一样的，一般说来，接近地平线的星，比高悬天空的星闪烁得更显著，白星又比黄星、红星闪烁得更厉害。

那么，是不是所有的星星都会眨眼睛呢？答案是否定的，只有恒星才会眨眼睛，而行星的光是稳定的。行星比恒星离我们近得多，在人们看来，它们不是光点，而是由很多光点组成的圆面，在这个圆面上的每一点都在闪烁，闪烁的幅度又各不相同，所以能起到互相补充、相互融合的作用，使整个行星的光度不起变动。

观察细致的人会发现有时候星星还会改变颜色，这又是为什么呢？这是因为光线经过大气时，不仅会发生偏折，还会发生色散现象，所以除了明暗颤动以外，还可以看见星的颜色也在改变。离地平线不远的明亮的恒星会非常明显地改变颜色，在刮风时、雨后等空气质量非常好的时候，恒星会闪烁得特别有力而且颜色变化得特别厉害。

如今科学家已经有方法计算星光在一定时间里改变颜色的次数了，具体做法是这样的：拿一具双筒望远镜来观察一颗很亮的星，同时使望远镜的物镜很快地旋转，此时，就会看不见星星，而只看见一个由许多颗颜色各异的星所组成的环，在闪烁较慢或望远镜转动极快时，这环能够分裂成许多长短不同，颜色各异的弧，通过计算，我们就可以得到星星改变颜色的大体次数。据科学家们统计，星星变换颜色的次数，随条件不同，从每秒几十次，能够达到一百多次不止。

白天能看见恒星吗

　　这是一个非常吸引人的问题，一方面，大家知道白天只能看到太阳，这是常识问题。而另一方面，大家又非常渴望通过自己的探索研究，能够给这个问题得出一个肯定的回答。在历史上，这个问题有很多的人研究过，普遍的说法是，如果站在深的矿坑、深井和高高的烟囱的底上就可以在白天看见星星。这种观点被很多名人说过，但无一例外的是，他们都是说的别人，而不是自己。相信这种观点的人也很多，同样无一例外的是，他们都只是单纯地相信这种方法，而没有人能够在实践中求证。

　　有一个有趣的例子可以说明上述情形，从前一本杂志上曾经发表过一篇文章，在这篇文章中，作者认真地论证了白天在井底也无法看到星星，并说明这种说法只是一厢情愿的玩笑话。但不久之后，杂志社收到了一封由一位农场主发来的信，在信中，农场主狠狠地驳斥了那篇文章，说他本人就曾在一个约 20 米的深窖里，在白天的时候，亲眼见过两颗星星。再后来，人们又在仔细审查后得知，根据那个农场所在的纬度和信中提到的季节，根本没有任何星星经过农场的上空，农场主的说法只是无稽之谈，或者只是一个错误。但人们对这个问题的争论，却一直没有停止过。

事实上，矿坑或深井可以帮助我们在白天看到星星这一观点，在理论上是说不通的，白天之所以不能看到星星，是因为天空的光亮把它掩盖住了，地球上受太阳光照亮的大气妨碍我们看见它们，空气的微粒所漫射的太阳光比恒星照射过来的光还强。即使人们进入到深的矿坑或井中，这一条件仍然没有得到改变，空气中的微粒，仍然可以漫射光线，使我们看不见星星。

只要做一个很简单的实验，就可以说明上述问题。找一个硬纸匣，在侧壁上用针刺几个小孔，再在壁外贴一张白纸，把这纸匣放在一间黑屋子里，再在匣子里面装一盏灯。这时候，在那刺了孔的壁上就会出现一些明亮的光点，这和夜间天空的星星相似。然后，打开室中的电灯，这时象征着天亮了，尽管匣里的电灯还是亮的，但白纸上的人造星星，会立即消失得无踪无影。

随着科技的发展，人们可以利用望远镜在白天看到星星，许多人依然固执地认为那是由于"从管底"观察的结果，但这实际上也是错误的。真正的原因是，望远镜中玻璃透镜的折光作用和反射镜的反光作用，使被观察的那部分天空变暗，与此同时，光点状的恒星被其加亮，由此，我们得以看到了遥远的恒星。

我们可能会因为这个结果感到沮丧，但它也是有少许例外的，有一些特别明亮的行星，比如金星、木星、大冲时的火星，它们的光比恒星亮得多，如果在太阳比较暗等条件合宜的时候，在白昼也可以看得见。上面的关于在深井中看到星星的理论，也许说的是这种情形，井壁挡住了强烈的太阳光，使我们的眼睛可以看得更清楚些，于是我们能够看到比较近的行星，但这是绝不可能帮助我们看见遥远的恒星的。这一现象，在以后的章节里我们还会讨论到，但其中的原理却是另一回事，和我们这一节说的内容不甚相同。

最后，特别说明的是，白天在我们头顶上的那些星座，是半年以前我们曾在夜间见过的，半年之后我们还要在夜间看见。

什么是星等

璀璨的星空，繁星点点，如此众多的星星，人们在认识它们时怎样分类？依据什么样的标准？在古代的时候，人们就考虑到了这个问题，由于人们观察星星时最直观的依据就是星星的大小和亮度，所以人们就按亮度为星星们划分了等级，这种等级就叫作星等。一些在黄昏时首先在天空出现的最亮的星被列作 1 等星，下面依次排开的还有 2 等星、3 等星，等等，直到肉眼刚能看见的算是 6 等星。

随着时代的发展和研究的深入，上述主观的依亮度划分星等的方法不能满足新时代天文学家的要求，他们又完善了规定标准，细分了不同等级星星亮度的刻度划分，他们规定：1 等星是看得见的最亮的星等，6 等星是看得见的最暗的星等，1 等星的平均亮度是 6 等星平均亮度的 100

倍，比 1 等星更亮的星星按刻度排为零等星甚至是负等星。

科学家们推出了恒星亮度的比率，即前一等星的亮度是次一等星亮度的多少倍。假定这个亮度比率是 n，那么：

1 等星的亮度 =n 倍 2 等星的亮度

2 等星的亮度 =n 倍 3 等星的亮度

3 等星的亮度 =n 倍 4 等星的亮度

如果比较 1 等星和其他各等恒星亮度的关系，则有：

1 等星的亮度 =n^2 倍 3 等星亮度

=n^3 倍 4 等星亮度

=n^4 倍 5 等星亮度

=n^5 倍 6 等星亮度

上文规定 1 等星的平均亮度是 6 等星平均亮度的 100 倍，则 n^5=100。因此，亮度比率便很容易求得（应用对数）：

$$n= \sqrt[5]{100} =2.5$$

由此可见前一等星的亮度总是后一等星的 2.5 倍[①]。

由于是把在天空出现的最亮的星列为 1 等星，因此它不是一个绝对的"第一"，而只是一个相对的刻度，比 1 等星还亮的恒星，只能被列为零等星甚至负等星，不大懂天文学的人

天体	目视星等
	明亮的
太阳	− 26.7
月球	− 12.6
金星	− 4.7
火星	− 2.9
木星	− 2.9
水星	− 1.9
天狼星（夜空中最明亮的恒星）	− 1.4
土星	− 0.3
木卫三（木星的卫星）	4.6
小行星灶神星	5.3
天王星	5.5
肉眼看得见最暗的天体	6.0
海王星	7.7
冥王星	13.8
	暗弱的

①如果算得更精确一些，这个亮度比率应该是 2.512。

可能都不知道。所以那些天空最亮的天体是负等星，太阳是一个"–27 等星"。在这里提醒大家，不要由此错误理解负数的概念啊！

恒星的代数学

天文学的实际研究中，天文学家们用一种特别的仪器——光度计来测定星的亮度或星等，通过这种仪器，他们可以把未知亮度的天体拿来和亮度已知的星相比较，也可以自己设定一些参数，再用真实的星体和这些仪器里的"人工星"相比较，从而通过测量以及测量后得到的数字进行各种计算，由此，人们开始越来越多地接触到这门古老而又新兴的学科——恒星代数学。

在此，让我们再看一下比 1 等星更亮的星是如何表示的，亮度相当于 1 等星平均亮度 2.5 倍的星，应当怎样称呼？在数轴线上，"1"以前是什么数呢？是 0，所以这样的星应当称为零等星。以此类推，比 0 等星还要亮的星，它们的亮度便只有用 0 以前的数字来表示，也就是用负数表示更亮的星体，因此天文学界的研究中就有负星等，例如，"–1 等""–2 等"，等等。

还有一些星，它们的亮度不是 1 等星的 2.5 倍，而只是它的 1.5 倍或 2 倍，又该怎样称呼呢？它们的位置是在 1 和 0 之间，同样，依循数轴线上的刻度，这种星的星等用小数来表示：例如说"0.9 等星""0.6 等星"等。

因此，在星等的表示法中，不仅有负数，还有小数，这些负数和小数的存在，一是为了标准的合理统一，二是为了计算的方便。在这个基础上，所有的星体的星等都能够用数字精确地表达出来，这为以后的计算、比较提供了基础和条件。

下面我们来看一些比较特殊的星体。整个天空最亮的恒星——天狼星——星等是"-1.6"。老人星（只在南半球可以望见）的星等是"-0.9"。北天最亮的恒星织女星，是 0.1 等。五车二和大角是 0.2 等。参宿七是 0.3 等，南河三是 0.5 等。河鼓二是 0.9 等。现在把天空最亮的星和它们的星等如下（括弧内是根据星座来命名的）：

天狼（大犬座 α 星）	-1.6 等
参宿四（猎户座 α 星）	0.9 等
老人（南船座 α 星）	-0.9 等
河鼓二（天鹰座 α 星）	0.9 等
南门二（半人马座 α 星）	0.1 等
十字二（南十字座 α 星）	1.1 等
织女（天琴座 α 星）	0.1 等
毕宿五（金牛座 α 星）	1.1 等
五车二（御夫座 α 星）	0.2 等
北河三（双子座 β 星）	1.2 等
大角（牧夫座 α 星）	0.2 等
角宿一（室女座 α 星）	1.2 等
参宿七（猎户座 β 星）	0.3 等

心宿二（天蝎座 α 星）　　　　1.2 等

南河三（小犬座 α 星）　　　　0.5 等

北落师门（南鱼座 α 星）　　　1.3 等

水委一（波江座 α 星）　　　　0.6 等

天津四（天鹅座 α 星）　　　　1.3 等

马腹一（半人马座 β 星）　　　0.9 等

轩辕十四（狮子座 α 星）　　　1.3 等

在此，有必要再强调一下，从表中可以看出，恰好是 1 等星几乎一个也没有：从 0.9 等就跳到 1.1 等，因此天空中实际上不存在这 1 等星，1 等星只是一个公定的亮度标准。它只存在于计算中，是一个人们研究和比较时应用的概念。

在上文的基础上，我们可以进行一些有趣的计算，例如算一算多少颗其他星等的星合在一起可以相当于一颗 1 等星，经过计算我们可以列表如下：

星等	颗数	星等	颗数
2 等	2.5	7 等	250
3 等	6.3	10 等	4000
4 等	16	11 等	10000
5 等	40	16 等	1000000
6 等	100		

然后我们还可以进一步计算"1 等以前"的星。0.5 等星（南河三）是 1 等星亮度的 $2.5^{0.5}$ 倍，也就是 1.6 倍。负 0.9 等星（老人星）是 1 等星亮度的 $2.5^{1.9}$ 倍，也就是 5.7 倍。而负等星（天狼星）是 1 等星亮度的 $2.5^{2.6}$ 倍，也就

是 10.8 倍。

还有一个有趣的计算：要多少个 1 等星聚在一起才可以代替肉眼所见的星空的全部光辉呢？半个天球上的 1 等星，数目可以算是 10 个。已经指出过，后 1 等星的数目大约是前一等星的 3 倍，而亮度的比率是 1：2.5。所以所要求的数目等于下列级数的和：

$$10+(10 \times 3 \times \frac{1}{2.5})+(10 \times 3^2 \times \frac{1}{2.5^2})+\cdots\cdots(10 \times 3^5 \times \frac{1}{2.5^2})$$

这样可以算出：

$$\frac{10 \times (\frac{3}{2.5})^6 - 10}{\frac{3}{2.5}-1}=95$$

可见在半个天球上，肉眼所见的全部星的亮度总和大约等于 100 个 1 等星（或一个负四等星）。

上文我们说过我们只能用肉眼看到 6 等星，要想观察到 7 等星，我们就要借助望远镜。依靠现代的科技，我们只能借助最强大的望远镜观测到 16 等星。假设我们获得了像电影中超人那样的超能力，也许我们能够看到一些肉眼看不到的星体，但想用肉眼看到 16 等星的话，我们必须保证我们的天然视力必须增强 1 万倍，只是不可思议的一种情形，超人也不可能达

一颗星星呈现什么样子，首先取决于它由多少气体组成，以及它处于生命周期的什么阶段。天空拥有五颜六色的色彩，但是只有那些最明亮的星星才能看起来不显示出白色。因为它们非常明亮，足以触发我们眼睛感知颜色的那部分视网膜。

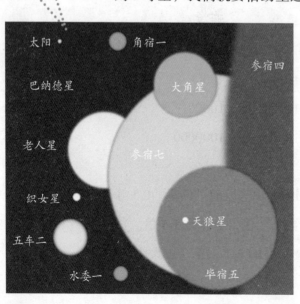

太阳　角宿一　参宿四　巴纳德星　大角星　老人星　参宿七　织女星　天狼星　五车二　水委一　毕宿五

到。假如我们把前面这一个题目中"肉眼所见"改成"现代望远镜所见",那么半个天球上全部星空的光辉大约相当于1100个1等星（或一个"−6.6等"星）。

最后值得指出的是,我们把恒星依星等来分,但星等却不是表示恒星本身的物理特性。事实上,那只是根据我们的视觉产生的,星等的划分标准是根据我们看到的星体的亮度,而并不是星体的实际亮度,有些星体,它们本来很亮,但由于距离我们较远,所以我们看到的只是一个普通的亮度,它也只好被赋予一个比较低的星等,这一点,希望大家记住。

对望远镜的要求

这一节我们看一下观测远距离恒星时对望远镜的要求。随着科技的发展和人们对宇宙认识的加深,我们研究的深度和广度也在迅速扩展,人们对遥远的宇宙不再感到畏惧,而是努力地加以探索,这时,最基本的工具就是望远镜。一般说来,望远镜观测事物的精准度和其物镜的大小成正比,物镜越大,越能捕捉到细微的东西。

光线进入眼睛和进入望远镜的原理是一致的,所以,为了比较好理解,我们将望远镜和人的眼睛做一下比较。研究表明,人们在晚上看东西时,瞳仁的直径平均是7毫米,我们假定望远镜物镜的直径是10厘米,那么,在不

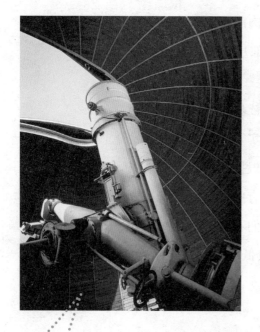

位于意大利布勒拉·阿梅拉蒂天文台的望远镜

考虑其他因素的情况下，通过它的光线相当于通过人的瞳仁的 $(\frac{100}{7})^2$ 倍，即约 200 倍。由此我们可以得出，在通过望远镜观察星体时，由于望远镜的物镜比较大，它能把所观察的星体的亮度增强许多倍。

天文学家的研究表明，这种情况只存在于观察恒星的时候，像上文所说，由于恒星发出的光线只是一个单一的亮点，比较简单，而当观测行星时，我们可以看清它们的圆面，这样一来，牵扯的研究方面就比较多，我们还必须把望远镜的光学放大率计算在内，才能比较精确地计算行星的像的亮度。在此，我们只研究用望远镜观测恒星的情形。

有上述已知条件做基础，我们可以进行一些有价值的运算，例如，当我们知道一种望远镜物镜的直径，又知道它至多可以看见哪一等的星时，我们就可以计算出，用这台望远镜观察某一等星时，一定得有多大直径的物镜。举例说明一下，如果我们知道，在观察宇宙星体时，为了看清 15 等以内的星，我们需要用到镜筒直径为 64 厘米的望远镜。那么，我们可以算出如果我们想看见 16 等的星体，需要有多大的物镜才可以。我们的具体运算如下：

$$\frac{x^2}{64^2}=2.5$$

表示所求的物镜直径。算出的结果是：

$$x=64\sqrt{2.5}\approx 100 \text{ 厘米}$$

如此我们就得出了结果，要想看到16等的星，我们需要直径大约1米的物镜。这里面也有一般规则的存在，一般而言，要在望远镜的帮助下，要想把人们所能看到的星等限度提高1等，我们就得把物镜的直径增加到原来的2.5倍或1.6倍。

太阳和月亮的星等

说完恒星的星等，可能读者比较关心的就是太阳和月亮的星等了，不少人会思考，太阳和月亮的星等会是多少，它们之间会相差多少，这一节我们来解决这个问题。

在前面几个节中我们所使用算法，在此依然用得到，只是稍稍将其应用范围扩大一下，它不仅仅可以适用于恒星，还可以适用于别的天体——行星、太阳、月亮等。行星的亮度问题比较复杂，我们以后会特别提出来，在这里我们先考察一下太阳和月亮的星等，根据天文学家的研究，我们已经得出：太阳的星等是 –26.8 等，满月的是 –12.6 等。

我们知道，在整个天空中，能够看到的最亮的那颗恒星是天狼星，现在，让我们看一看太阳的亮度比它强多少倍。按照上文所用的算式来推算，我们可以得出它们亮度的比率：

$$\frac{2.5^{7.8}}{2.5^{2.6}}=2.5^{25.2}=10000000000$$

也就是说，太阳要比天狼星亮 100 亿倍。

再看看太阳和月亮亮度之间的关系：太阳的星等是"负 26.8"，也就是说，太阳的亮度是 1 等星的 $2.5^{27.8}$ 倍。满月的星等是负 12.6 等，即满月的亮度是 1 等星的 $2.5^{13.6}$ 倍。由此可知太阳的亮度是满月的亮度的

$$\frac{2.5^{27.8}}{2.5^{13.6}} = 2.5^{14.2}$$

此刻需要到对数表中查一下，最终的结果是 447000。即晴天的太阳比无云的满月大约亮 447000 倍。

让我们更深入一些，做一下太阳和月亮所反射的热量的研究，热量是由光线带来的，所以，一般说来，太阳和月球所反射的热量跟它们所反射的光线成正比。月球反射到地球上的热，只相当于太阳所射来的 $\frac{1}{447000}$。地球大气边界上每平方厘米的面积每分钟可以从太阳得到大约 2 卡（1 卡 = 4.2 焦耳）的热量。可知月球每分钟射到地面每平方厘米上来的热绝不会超过 1 卡的 $\frac{1}{220000}$。由此可见，月光对于地球上的气候不可能有大的影响。而太阳，则主导了地球上的物候环境和四季变更，在人类的生产生活中发挥了功不可没的作用。

对于月光的作用还有一种说法，就是很多人都认为云层常常会在月光下消散，由此他们得出结论，声称月光也富含着能量，会对地球的气候环境产生不小的影响。其实，这只是一个很大的误会，因为，虽然是夜晚，但是空中的云气一直在发生着各式各样的变化，但由于夜色黑暗，只有在月光下的变化才被我们所捕获，由此，就好像是月光驱散或者改变了这些云层，实际上，它不是一个施

动者，只是一个彰显者罢了。

上面的研究也许会使喜欢月亮的人不够满意，但每一个众星捧月的夜晚，月亮永远是人们关注的主角，尤其是在月圆之夜，满月的光比整个星空的光辉都要耀眼，让我们计算一下这样一个问题：满月比其所在的半个天球中全部所见星体的光加在一起强多少倍？在前面我们已经算出，从 1 等星到 6 等星全部加在一起的光辉，相当于 100 个 1 等星。代换之后，我们的问题变成：满月的光比 100 个 1 等星的光强多少倍。这个比率等于

$$\frac{2.5^{13.6}}{100}=3000$$

所以，我们可以得出：在清朗的夜里，我们从星空所得到的光只是满月的 $\frac{1}{3000}$，如果进一步跟日光相比，我们会惊奇地发现，从星空所得到的光只是晴天的日光的十三亿分之一。

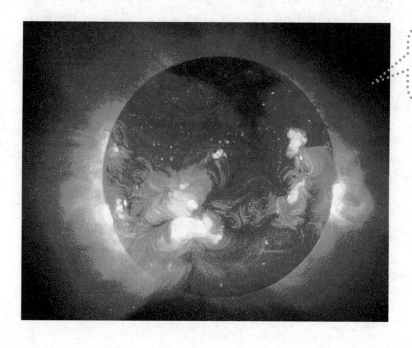

高倍太空望远镜下拍摄到的太阳

恒星和太阳的真实亮度

　　到此，已弄明白了星等的读者可能早已怀疑，星等只是我们的感觉亮度，它不是真实的特征，星等所反映的，只是天体在它们自己位置上使我们的视觉感到的亮度罢了，那么，如何比较众星体的真实亮度呢？

　　星体的视亮度跟两个因素有关，一是跟它们的真实亮度，一是跟它们的距离。真实亮度一定时，距离越小，视亮度越高，星等越高；距离一定时，真实亮度越高，视亮度越高，星等越高。根本上说，前文给我们的星等，既没告诉我们星体的真实亮度，也没告诉我们星体的距离，这在真实的比较中，是没有任何意义的。在实践中，我们最想要知道的是，假如各星跟我们的距离相同的话，它们的"发光本领"是怎么样的。

　　上文中我们人为地为星等划定了刻度，在此，天文学家采取了同样的方法，人为地规定了一个距离，提出了恒星的绝对星等的观念。所谓绝对星等，就是人为限定这个星体离我们 10 秒差距，在这个位置上星体所具有的星等。秒差距是测量恒星间距离的一种特别的长度单位，10 秒差距约等于 300000000000000 千米。只要我们知道了星体的距离，绝对星等的算法非常简易，星体的亮度跟距离的平

方成反比[①]。

　　按照恒星统计的数据，在太阳周围 10 秒差距以内的所有恒星中，发光本领平均数相当于绝对星等 9 等星。太阳的绝对星等是 4.7，可见它的绝对亮度大约相当于"邻近"诸星平均亮度的

$$\frac{2.5^8}{2.5^3}=2.5^{4.3}=50 \text{ 倍}$$

　　由上面的结果可以看出，太阳在太阳系是当之无愧的最亮的星体，但如若我们跳出太阳系，情况又会怎么样呢？下面我们比较一下天狼星和太阳的绝对星等。天狼星的绝对星等是 +1.3，太阳的是 +4.7。这就是说，天狼星如果是在 30000000000000 千米的距离，它在我们眼里就会是一个 1.3 等星，而我们的太阳在相同条件下，就会是一个 4.7 等星。这时候，天狼星的绝对亮度就会相当于太阳绝对亮度的

$$\frac{2.5^{3.7}}{2.5^{0.3}}=2.5^{3.4}=25 \text{ 倍}$$

　　虽然太阳的视亮度是天狼星的 10000000000 倍。但我们可以看出：太阳远不是天空最亮的那颗星。

---

①这个计算可以用这样一个公式：$2.5M=2.5m \times \left(\frac{\pi}{0.1}\right)^2$
这个公式怎么得到的，读者读到后面，对"秒差距"和"视差"知道得更多些时就会明白。式中的 M 代表恒星的绝对星等，m 代表它的视星等，π 代表恒星的视差，单位是秒。把这个公式改变一下：
$2.5^M=2.5^m \times 100\pi^2$
$M\lg 2.5=m\lg 2.5+2+2\lg\pi$
$0.4M=0.4m+2+2\lg\pi$
由这求出 $M=m+5+5\lg\pi$
举天狼星做例，$m=-1.6$；$\pi=0.38''$。所以它的绝对星等是
$M=-1.6+5+5\lg 0.38''=1.3$

宇宙间最亮的星

这一节我们说一说宇宙中最亮的星星，对于哪一颗星是最亮的，大家可能会禁不住猜测，有些不太懂天文学的人可能要猜测北极星、太阳等，这些显然都是不对的，经过天文学家不断地研究观察，终于得出结论：在现有的观测能力下，剑鱼座 S 星，是发光本领最大的一颗星。

剑鱼座 S 星，位于跟我们相邻的星系——小麦哲伦云内，小麦哲伦云离我们的距离，大约是天狼星距离的 12000 倍。由于剑鱼座位在南天，在北半球的温带就看不见它，并且它离我们太过遥远，我们用肉眼不容易看到，

南半球夏季星空

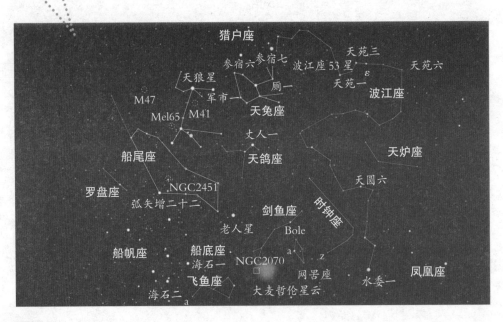

按照上文的分类，它是一颗 8 等星。

考虑到它离我们的距离，我们不可不惊叹于它的发光能力，我们可以做一下比较：如果把天狼星放在这么远的地方，它就只会是个 17 等星，刚刚能在最强大的望远镜里看得见。如果把剑鱼座 S 星放在天狼星的距离上，它的亮度就会排列在天狼星前 9 等，可见它的发光本领真是强大极了。

这样说，读者是不是已经会对它非常感兴趣了呢？可能有人会问它到底有多大的发光能力了，通过计算，科学家给了我们具体的答案：–8 等。通过上文我们给出的计算方法，可以算出它的亮度和太阳亮度的关系，我们会吃惊地发现，它的绝对亮度大约是我们这太阳的 100000 倍！也就是说，如果把它放在天狼星的位置上，它将和上下弦月大略一般光明，这样一来，毫无疑问地可以算做整个宇宙中我们所知道的最亮的星了。

行星的星等

以上章节讲的是在地球上看各个星体的亮度，在这一节里，我们跳出地球，到宇宙中各个星球上看一下其他星体的亮度，这就需要我们做一次想象的星际旅行，像前节"别处的天空"一样，由我带领大家融入无垠的宇宙，对各个行星上所见天体的亮度，做一个更精确的估计。首先，我们要先估算出地球上各行星在最亮时的星等。以此作为基础和参照，下面是我们估算后得出的表：

地球上观测到的各行星的星等

金星	−4.3	土星	−0.4
火星	−2.8	天王星	+5.7
木星	−2.5	海王星	+7.6
水星	−1.2		

有的行星例如金星、木星，有时在白昼也能用肉眼看见，而恒星却完全无法让我们看到，其中的原因在这张表上可以很清楚地看出。从这张表中，我们可以很容易地看出各个行星的亮度，最亮的是金星，把它和木星相比较的话，可以看出金星是木星的 $2.5^2=6.25$ 倍，上文中我们经常拿天狼星做参照，现在让我们比较一下二者的亮度，天狼星的亮度是 −1.6 等，金星的亮度是天狼星的 $2.5^{2.8}=13$ 倍。地球的诸多行星中，即使是排在第五位的土星，也比天狼星和老人星以外的一切恒星更亮。

现在就让我们做一下宇宙旅行，到各个行星上去观测一下皎洁的夜空，以下是我们在金星、火星和木星天空观测到的各种天体亮度的列表：

在火星的天空

太阳	−26	木星	−2.8
卫星福波斯	−8	地球	−2.6

	星等		星等
卫星德伊莫斯	-3.7	水星	-0.8
金星	-3.2	土星	-2.8

在金星的天空

	星等		星等
太阳	-27.5	木星	-2.4
地球	-6.6	地球的月球	-2.4
水星	-2.7	土星	-0.5

在木星的天空

	星等		星等
太阳	-23	卫星 IV	-3.3
卫星 I	-7.7	卫星	-2.8
卫星 II	-6.4	土星 IV	-2
卫星 III	-5.6	金星 IV	-0.3

从各自的卫星上看，在行星中，最亮的是卫星福波斯天空的满轮的火星（-22.5），其次是卫星 V 天空的满轮的木星（-21），和卫星密麻斯天空的满轮的土星（-20）。这里土星的亮度大约是太阳亮度的1/5!

最后我们总结出各行星相互间的亮度表，它们的次序依亮度排列为：

	星等		星等
水星天空的金星	-7.7	金星天空的水星	-2.7
金星天空的地球	-6.6	水星天空的地球	-2.6
水星天空的地球	-5	地球天空的木星	-2.5
地球天空的金星	-4.4	金星天空的木星	-2.4
火星天空的金星	-3.2	水星天空的木星	-2.2

火星天空的木星……-2.8　　木星天空的土星……-2

地球天空的火星……-2.8

从表中我们可以知道，如果我们站在这几个大行星上仰视天空，看到的最亮的天体是：水星上望见的金星，金星上望见的地球和水星上望见的地球。

观测恒星时的困境

在使用望远镜观测时，行星和恒星是有区别的，望远镜可以相应地放大行星，却不能放大恒星，相反，我们在望远镜中看到的恒星是缩小的，它们变成了没有圆面的明亮光点。这里，让我们思考一下：望远镜为何不能放大恒星？第一批用望远镜去观察恒星的人就对这种现象感到过惊讶和疑惑，伽利略是第一位用望远镜观察天空的人，他就注意过这种情形，他在进行几次早期观察时说：

用望远镜来观察时，有个现象值得注意，那就是行星和恒星的形状有差异。行星是个小圆面，像个小月亮，轮廓十分清楚；恒星却是模糊的，甚至可以说没有看得清的轮廓……望远镜只是增加了它们的亮度，而5等星和6等星在亮度上和最亮的恒星天狼星不一样。

下面，让我们回想一下视网膜成像原理：当一个人逐渐走远时，他在我们的视网膜上的像会越来越小。等到他走得相当远时，他的头部和脚部在视网膜上成的像就会离得非常近，最终会只落在同一个神经末梢上，这么一来，这个人的像，由我们看来就会变成一个缺乏轮廓的点。这种成像原理在使用望远镜时也是一样的，由于恒星的距离特别遥远，由此它成的像最终只变成了一个点，由此，望远镜只能加强这个点的亮度，而不能放大这个点的大小。

　　大多数人，当他看物体的视角缩小到1′时，就要产生上段中说的"面化点"的现象，而当我们凑着一个望远镜看物体时的视角时，我们可以得到一个放大的尺度，所以用望远镜观察物体时，还牵涉一个观察视角的问题。望远镜的功用在于它能放大观察事物的视角，在这个过程中，它能够把物体上每一细节的像，伸展到视网膜上几个毗连的神经末梢上。我们说的望远镜能把物体"放大100倍"，意思就是在使用望远镜时，视角大到我们在同距离用肉眼时视角的100倍。但如果观察的事物比较远，最终可能还是会以失败告终，例如，如果某一物体经过放大后，它的视角还是小于1′，那么，望远镜还是无法将它放大。

　　不难算出，如果我们拥有的是一具能够放大1000倍的望远镜，那么所观察物体最小得有110米的直径，才能在月球的距离上，被我们看清细节，只有具有了40千米的直径，才能在太阳的距离上，被我们看清楚。如果我们讨论的是离地球最近的恒星，在使用相同的算法的情况下，它要大到12000000千米。这是一个什么样的概念？

可以这么说，太阳的直径只是这个数目的 $\frac{1}{8.5}$。如果我们有能放大 1000 倍的望远镜，在那个最近的恒星上，我们观测太阳时所得到的，也只是一个小点。

最近的恒星要想被看成一个圆面，除了需要最强大的望远镜外，还要有 600 倍于太阳的体积。若远在天狼星的距离有一颗恒星，它只有具有了 500 倍于太阳的体积，我们才能在最强大的望远镜里把它看成一个圆面。可是大多数的恒星，就是在最强大的望远镜里，也只是些光点，因为它们的距离都比天狼星还远，而大小又不比太阳更大。

最后再说一下关于观测行星的问题，大家可能知道，在天文学家观察行星尤其是彗星时，只能利用中等放大率的望远镜。这是为什么？因为，在使用望远镜时，我们还面临着这样一个问题：由于放大的时候，光线被分散到更大的面积上去了，所以，用望远镜来观察太阳系中的大天体时，放大率越大，它们的圆面也显得越大，但是像越放大，亮度越变弱，而亮度一弱，要分清像中的细节就会感到困难。因此，要想看清楚星体上的细节，天文学家不得不在放大率上做一下折中，只选择那种中度的望远镜。

说到这里我们会想：既然望远镜也有这么多的缺点，为什么还要用它来观察恒星呢？对于这个问题有三点原因：

首先，观测到的恒星的数量问题。我们能用肉眼看到的恒星在恒星总数上只占一个很小的比例，如果我们要观察肉眼看不见的恒星时，就势必会用上望远镜，望远镜的作用无法在放大恒星上彰显，但能够增强恒星的亮度，一些我们原先看不见的恒星通过望远镜的作用，能够在夜幕上显露出来，因而我们能够看见的恒星数目增加了很多。

其次，精度问题。在观察的细致度上，望远镜起到了非常大的作用，由于人的眼睛能力有限，可能会被宇宙的假象所迷惑，有时候，用肉眼看天空中的某处是一颗星星，但实际上那里却是一个星团。因此往往在从前肉眼看成一个星的地方，望远镜替我们发现双星、三合

星或更复杂的星。其原因在于，望远镜能放大恒星与恒星之间的视距，而不能放大恒星的视直径。有些距我们特别遥远的星团，用肉眼看来什么也没有，或只是远处雾似的一个光点，而当我们用望远镜观察时，这片空间就会原形毕露，呈现出千万颗独立的星。

最后，视角问题。在现代巨型望远镜所摄得的照片上，天文学家测定的视角，可以小到 0.01″。这就是在研究恒星世界时，望远镜的第三种功用，它可以帮助我们把视角测量得极其精确，这个视角有多小呢？举个例子说，一根放在 100 米远处的头发，或一枚放在 30 千米远处的铜币，如果能被我们看到，我们才算具有了这么小的视角。

制造一块很大的镜片必须缓慢而精准地进行。双子座望远镜之一的 8 米镜片就是用打磨机打磨而成的。打磨造成的环形图案能在特定的光下看到。它们将镜片打磨到了 1 微米以下级别的精度。

怎样测量恒星的直径

　　既然用望远镜观测恒星时只能得到一个又一个的光点，那么怎么才能计算恒星直径的大小和区别呢？讨论这个问题，我们要回顾一下天文学发展的历史，1920年以前，人们提到恒星的大小时，一切都只凭猜测，大家猜想恒星平均起来应该跟我们的太阳差不多大，但这只是想法，没有谁能够证明它的正确性。对于那时的科学家们说，似乎恒星直径的问题会一直在我们的能力之外，除非科技得到突飞猛进的发展，催生出比望远镜强千百倍的先进仪器。

　　但是到了1920年，问题渐渐出现了转机，天文学的忠实盟友——物理学，运用新的研究方法和工具，替天文学家开辟了测量恒星真正大小的道路，使天文学家在这一研究课题上，取得了新的成绩。

　　我们可以根据光的干涉现象测量恒星的真正大小，我们先来看一个实验，在这个实验中，蕴含了这一测量方法的原理。我们需要的仪器非常简单：一架30倍放大率的望远镜，一个离望远镜10～15米的明亮的光源，一张把光源遮住的幕布（幕布上割有一条宽十分之几毫米的直缝），一个用以盖住物镜的不透明的盖子（盖上位在物镜中心和沿水平线相对称的地方有两个彼此相隔15毫米，直径大约 3 毫米的圆孔，如图 69 所示）。

　　这个试验是这样的：不盖盖子时，由于幕布的作用，望远镜里看到的图像是一条两侧还有暗弱得多的条纹的狭条形的缝，盖上盖子时，我们可以看到的是许多垂直的黑暗条纹出现在中央那条明亮的狭条上。如果我们把其中一个小孔遮住，这些条纹就会消灭。因为，两条光束经过盖上两个小孔射来时，彼此发生干涉，这些条纹正是干涉的结果。

　　我们为了得到实验结果，还要做一次假设：物镜前的两个小孔中间的距离可以随意改变，即小孔能够随意移动。我们据此可以得出观察者的视角，当两个小孔之间的距离被我们拉大时，黑色条纹会变得越来越不清晰，直到最后消失，当最终消失的那一刻，让我们计算一下两孔相隔的距离，根据这个距离，我们就可以算出我们想要的结果。在此基础上，根据这道狭缝离观察人的距离，我们又可算出狭缝的实在宽度。

　　测量恒星的直径时，我们也是采用这种方法，在望远镜前的盖子上做两个能够移动的小孔，由于恒星的直径太小，所以在观测时，要求我们必须使用极大的望远镜才行。

　　要测定恒星的真实直径，除了上述干涉仪可以为我们

图 69 测量恒星直径的干涉仪器，物镜前的盖子上有两个可以移动的小孔。

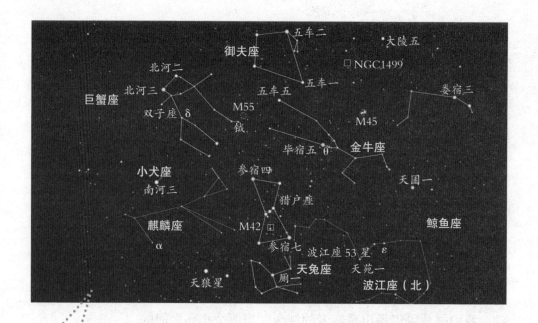

北半球冬季星空

利用以外，还有一种方法可以奏效，在这种方法里，我们根据的是它们的光谱。首先，天文学家需要知道三个量：恒星的温度，恒星的距离，恒星的视亮度。恒星的温度可以由天文学家根据恒星的光谱求出，通过这个值，天文学家可以算出1平方厘米的表面会有多大的辐射能量。另一方面，恒星的全部表面的辐射量可以通过其距离和视亮度求出，最后，用恒星表面的辐射量除以恒星每1平方厘米的辐射量，便可求出恒星表面的大小，然后也就可以求出它的直径。如今，天文学家已经算出：五车二的直径是太阳的12倍，参宿四的是太阳的360倍，天狼星的是太阳的2倍，织女星的是太阳的2.5倍，而天狼星的伴星是太阳的2%。

宇宙中极庞大的恒星

根据上文中的研究方法，天文学家们计算出了宇宙中很多恒星的体积，在观察这些计算结果时，他们不得不对宇宙中的星体感到惊讶，因为他们从来没有想到过宇宙间竟会有这样巨大的星体。1920 年，天文学家计算出了第一颗星的真实大小，那就是猎户座参宿四，人们惊讶地发现，比起火星轨道的直径来，

心宿二
450 000 000千米（直径）

太阳

地球

地球轨道
300 000 000千米（直径）

图70 巨星心宿二（天蝎座）可以包括我们的太阳和地球轨道。

这颗星体的直径竟然更大。不要以为这是巧合和特例，下面还有更令人震惊的：心宿二，天蝎座中最亮的星，它的直径大约等于地球轨道直径的 1.5 倍（图 70）。还有奇星蒭藁增二，直径是我们太阳的 330 倍（图 71），它属于鲸鱼座。

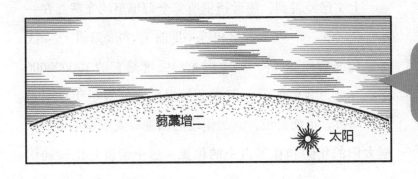

蒭藁增二　　　　　太阳

图71 鲸鱼座蒭藁增二和太阳大小的比较图。

167

　　还有一点非常的奇妙，虽然这类巨星大得惊人，但当天文学家们分析它们的物理结构时，它们又一次地让天文学家感到惊讶，照某一天文学家的说法，这样的恒星"很像密度比空气还小的庞大的气球"。根据计算，这些巨无霸们里面所含的物质非常的少，与庞大的外表相比，它们内部松软到了极不相称的地步。譬如参宿四，大到太阳的 40000000 倍，但它的重量只比太阳大几倍，其密度的渺小，可想而知。通俗一点说，要是把太阳物质的平均密度形容成水，那么，巨星参宿四的密度就会跟稀薄的大气相仿。

出人意料的计算

　　这一节我们来计算这样一个有趣的问题，如果把天空所有恒星的像一个接一个地拼凑在一起，最终的总面积有多大？首先我们公布出结果：全部星的视面积合在一起，它在天空所占的地位，竟跟视直径 0.2″ 的一个小圆面一般大。这个结果有些出人意料，它是这样得到的：

　　上文已经讲到，望远镜里所见全部恒星的光辉加在一起，亮度和一个 −6.6 等星相等（见前）。和太阳相比，−6.6 等星的光辉暗 20 等，即太阳光的强度是它的 100000000 倍。在此，我们假设太阳表面的温度刚好等于所有恒星的平均数，也就是说，其他恒星的温度跟太阳差不多，根据太阳的年龄和在宇宙中的位置，这个假设是比较确切的。在这个假设下，我们可以算出这个想象中的星的视面积应该是太阳的 $\frac{1}{100000000}$。根据圆的直径跟表面积的平方根成正比，我们可以算出，这个假设的星体视直径一定会小到太阳直径的 $\frac{1}{10000}$，用算术式表示说：它等于 $30' \div 10000 \approx 0.2''$。

换一种说法表达这个数字可能更加形象：在望远镜里可以看见的星，合起来，只占整个天空面积的两百亿分之一。

宇宙中最重的物质

日常生活中，大家对水银可能很感兴趣，这是因为它的密度很大，我们平时拿到一杯水银，会因为它差不多有 3 千克重而感到意外。但不要忘记，这是在地球上。广阔的宇宙中，会不会有什么物质比水银更令人惊奇？答案是肯定的，下面，我们说一下迄今为止，天文学家们发现的宇宙中最重的星体。

我们要说的是天狼星附近的一颗小星，这个故事要从很久以前说起，在很早的时候，天狼星就进入了天文学家们的研究视野，这是因为天狼星非常特异，它在众星中的运行轨道不是依直线运动的，而是一条非常奇怪的曲线（图72）。这让天文学家们对其产生了浓厚的

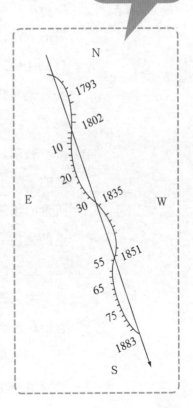

图 72 从 1793 年到 1883 年天狼星在众多星体间所走的弯曲路线。

169

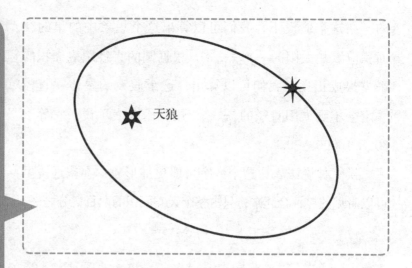

图73 天狼星伴星绕天狼星的轨道。天狼星伴星是比天狼星小，比天狼星暗的一颗恒星。天狼星的位置不在椭圆的焦点上，因为真正的椭圆形轨道因为投射的关系已经歪曲，我们看到的轨道平面是倾斜的。

天狼

兴趣，一直以来都持续不断地进行着研究。1844年，也就是勒维耶根据计算发现海王星的前两年，有名的天文学家培塞尔推断天狼星一定有一个伴星，在用引力来扰乱天狼星的行动，当时这只是一个猜测或推理，没能得到证明，直到1862年，培塞尔去世之后，他的推断才被完全证实，他所猜测的伴星已经在望远镜里被其他天文学家们发现了。

后来，随着天文学家研究的深入，人们对天狼星伴星的了解也逐渐加深。最终，天文学家们得知，这颗星里所含的物质，竟有同体积水重的60000倍，可是，这颗星里的物质一杯便有12吨重，得用一节运货的火车才拖得动！这好像有些荒唐，而实际却正是天文学家的一种新发现。大家普遍认为，在宇宙深处发现的稀奇景物中，这个恐怕是最稀奇的现象之一。

下面我们具体说一下它的情况，天狼星的伴星，也被研究者称为天狼B星，离主星大约相当于地球离太阳的

20 倍（那就是说，大约相当于海王星离太阳的距离），见图 73。绕主星运转的周转周期是 49 年，它是一个暗星，星等只有 8 ～ 9 等，但它的质量极其惊人，几乎重到我们太阳的 4/5[①]。通过和太阳的比较我们可以清楚地看出它的特征，如果太阳在天狼星的距离上，肯定会是一个 3 等星；而如果把天狼 B 星的表面放大之后跟太阳的表面之比，与它们的质量之比相等，那么，按照它原来的温度看，天狼 B 星就不是一个 8 ～ 9 等星，而应该是一个 4 等星。

天文学家起先并没有向着比较奇异的方向推理，只是认为这星所以那样暗，是因为它的表面温度低，无法像太阳一样放射出足够的光，于是，在很长一段时间内，天文学家们都只是把它看成一个冷却中的太阳，并且以为在它的表面已经有了一层固体的壳。

这种看法一直持续到几十年以前，人们最近才知道，天狼 B 星是一个表面温度极高的星体，根本不像原先所想的那样，是一个将要熄灭的恒星，相反，它是比我们的太阳温度还高得多的恒星。因为它的表面积比较小，所以才显得暗。

经过天文学家的努力，他们已经用计算说明了这一问题，具体的思路如下：已经算出，天狼 B 星所放射的光是太阳的 $\frac{1}{360}$；那么，通过上文中我们提到的光和半径的关系，它的半径应该是太阳半径的 $\frac{1}{\sqrt{360}}$，即大约 $\frac{1}{19}$。由此得

---

①天狼星有可能是个三合星，因为它的伴星很可能还有一个伴星，但这个伴星比较暗，旋转周期大约是 1.5 个地球年。

图74 天狼星伴星是比水的密度大60000倍的物质组成的。几立方厘米的物质和20多人的重量相等。

出结论，天狼星伴星的体积一定小到太阳体积的 $\frac{1}{6800}$，而它的质量，前面已经说过，几乎是太阳质量的 4/5。可见这个恒星的密度极大。另外，还有其他天文学家通过更精确的计算指出，天狼 B 星的直径是 40000 千米，因此可以推出，天狼 B 星的密度正像本节开始时所推定的：大到水的密度的 60000 倍（图 74）。

多普勒曾经说过："物理学家们，你们放警惕些吧，因为你们的领地要被侵犯了。"他当时是因为别的缘故说出了这样的话，但在此处，这句话依然是极其适用的。因为，在固体状态，普通原子中间的空间已经小极了，再要把它们里面的物质加以大量压缩，实在不可能。直到现在为止，在普通条件下，这样大的密度是完全不可想象的，还没有一个物理学家能够设想有这样的事。

这里，有一种可能性，就是"残破的"原子在起作用，"残破的"原子，就是失去了绕核转的电子的原子。一个原子核大小跟一个普通原子的比率，正和一只苍蝇跟一所大房子的比率相仿。原子核占有着原子的绝大多数的质量，电子的质量基本上可以忽略不计，原子失去了电子以后，它的直径就会小到原来的 $\frac{1}{1000}$，而重量却几乎不减。当星球核心部分产生极大压力时，原子核会被迫互相靠拢，这种靠拢的幅度会十分惊人，有可能比普通原子之间接近几千倍，这样的结果就是密度迅速变大，从而形成一种罕见的稀有物质。随着研究的深入，越来越多的这种物质被人发现，例如，天文学家在研究一颗 12 等星时发现，它的大小不会超过地球，但所含物质的密度却有水的密度的 40000 倍，跟这个星体相比，在天狼星伴星里所发现的那样的物质的密度显然还不算高。还有，在 1935 年，天文学家发现了仙后座里的一颗 13 等星，体积相当于地球的 1/8，质量却是太阳质量的 2.8 倍，用普通单位来表示，它的平均密度等于 36000000 克 / 立方厘米，大到前面所说天狼星 B 的 500 倍的，那就是说，1 立方厘米的这种物质，在地面上会重 36 吨！这种物质竟重到黄金的 200 万倍[①]。另外，就理论说，原子核的直径不过是原子直径的 $\frac{1}{10000}$，所以它的体积不过是原子体积的 $\frac{1}{10^{12}}$。如果物质尽剩下原子核，那么，还应有密度比上面所说的星体大得多的物质。举个例子来说，1 立方米的金属，所含的原子核体积大约是 $\frac{1}{10000}$ 立方毫米，照这样说，1 立方厘米的原子核，大约有 1000 万吨重（图 75）。

在宇宙的深处，一直隐藏着一些奇怪的事物，从前，科学家都认为密度比白金大几百万倍的物质是决不会有的，现在，随着视野的扩大，他们要修正这一结果了。

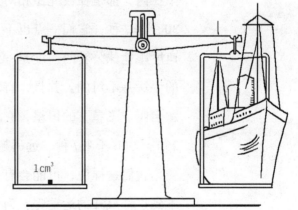

图 75 1 立方厘米的原子核排列比较松的重量和大洋上的一条船的重量相等，当它们排列紧密时可以达到 1000 万吨重。

1cm³

---

①在这颗星体的中心，物质的密度约是每立方厘米十万万克，这是一个惊人的数字。

为什么把星叫作"恒"星

　　首先我们先区分一组相对的概念，恒星和行星，这两个名词都是人们根据其特点赋予它们的，在很久很久以前的命名中，"恒星"的"恒"字指的是稳定不变，"行星"的"行"字是指不停地改变位置，恒星位于中央静止不动，而行星围绕它们不停地运转，两者正好组成宇宙中的一个个星系。现在，我们需要另外指出的是，恒星当然也参加整个天空环绕地球的昼夜升沉的运动，但这种运动显然并不破坏它们相互间的相对稳定的位置，命名仍然是很正确的。

　　我们现在知道，银河系里的所有恒星，连我们的太阳在内，都是在彼此做相对运动的，运动速度的增均值是30千米/秒，它们一点也不比行星动得少，所以，它们的速度跟地球公转的速度是一致的，原先认为恒星静止不动的说法是不对的。并且，有趣的是，在恒星世界里，有一颗名叫"飞星"的恒星，它对于太阳的相对速度，竟高到250～300千米/秒，远远超出了其他行星。

　　我们这样说，可能会有人感到疑惑，为什么我们会看不到这种疯狂的运动呢？为什么自古以来的星图就和现在一样，好像永远不会改变呢？千百年来，我们看到的恒星都是稳定平静地漂浮在夜幕之上，显得规矩有理，如何让

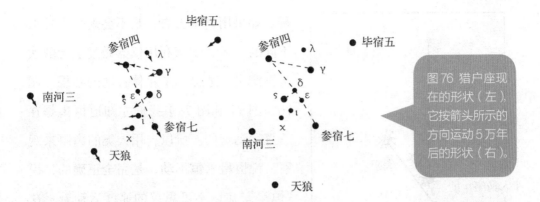

图76 猎户座现在的形状（左），它按箭头所示的方向运动5万年后的形状（右）。

我们相信所有的恒星全都是无秩序地运动着，并且每年要走上几十亿千米，速度大到不可思议？

在解释前让我们先举一个例子，当你站在高处或远处，观察在地平线上飞驰的火车时，你可能会感觉到这辆快车正在乌龟般慢慢爬行，在近处看到的让人害怕、让人头晕的速度完全不复存在，这就是距离的力量。同样，对于人类来说，恒星离我们非常非常的远，远到不可思议，恒星的运动也同远处的火车一样，由于距离，飞驰的速度完全无法被人感知。

图77 星座的形状经过几千年才会有变动。上图是大熊星10万年前的形状，中图是大熊星现在的形状，下图是大熊星10万年后的形状。

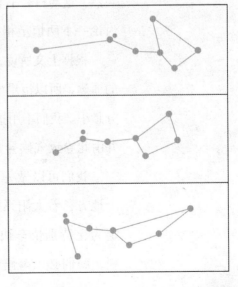

据卡普丁称，最亮的恒星，距离我们800万亿千米，它在一年里移动了4亿千米，我们算一下就会发现，它运动的距离为它离我们的距离的八十万分之一，这是一个极小的比例，如果放置在地球的夜幕上，这个比例会显得愈加的微小，人们观察这个距离时，眼睛移动的视角不到0.25秒，就是在极精确的仪器里也只刚能分

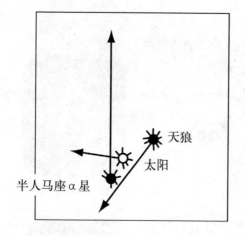

图 78 三颗邻近的恒星太阳、半人马座 α 星和天狼星的运动方向。

辨。如果用肉眼去看，是不会观察出什么不同的。天文学家利用仪器做过了无数次辛勤测量，才得到了星体移动的结果（图76、图 77 和图 78）我们才知道恒星是在一直运动着的。所以，用人类的肉眼来观察，说恒星永恒不动，是完全正确的，说"恒星"在以不可思议的速度运动着，这只是天文学专业所要研究的问题。

恒星有互撞的可能吗

对宇宙感兴趣的人们，尤其是小孩子，总是对星星的相撞很敏感，总是热衷于沉溺在"彗星撞地球"的幻想中，当然，这与科普书和电视电影的影响分不开。在这里，我们讨论一下两恒星相撞的概率，它们相撞的可能性有多大？

根据上文所说，宇宙非常的广阔，恒星之间的距离非常的遥远，所以恒星虽运动得非常快，但它们互撞的机会却十分渺小。我们不用担心有一天，会发生两颗或多颗恒星相撞，并由此导致气候异常，或人类灭亡，甚至是外星人袭击。

我们可以做一下设想，假设我们位于离太阳不远的一个地方，看太阳系外的一颗恒星在我们旁边运动，速度假定为比特别快车快 1000 倍，根据精确的计算，我们会发现，我们必须等候 100 亿亿年之久，才有一个恒星向我们

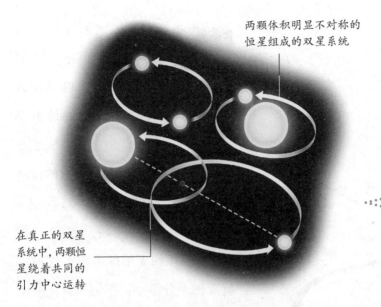

两颗体积明显不对称的
恒星组成的双星系统

由两颗相似大小的恒星所组成的双星系统。两颗恒星有可能靠得很近,也有可能相隔数百万千米。

在真正的双星系统中,两颗恒星绕着共同的引力中心运转

飞来,这是因为它们要经历的空间是多么的远,而它们的运动速度是这样的慢。恒星在宇宙中运动着,它们彼此相撞的或然率简直微不足道。形象地说,每一个恒星,有可能是在独自运动了 100 亿亿年之后,才能有机会跟另一恒星相撞。比起它们,我们人类所说的"千年等一回",是多么的微不足道。

恒星距离的尺度

"工欲善其事,必先利其器",我们要观测宇宙星空,必须要有十分好用的工具。这些工具可分为两类,一是实际可见的,如望远镜等;一是不可见的,存在于人们的脑海中,如理论和计算单位等。下面,我们就讨论一下,在

地球绕太阳运动时，一颗恒星看上去就会在遥远的恒星背景上发生微小的移动，这产生了视角差，视差角可用以测算恒星与地球之间的距离。

对宇宙的研究中，我们应该用什么样的计量单位才方便。

在地面测量时，大的长度单位是千米、海里（1海里＝1852米），然而，当我们跳出地球，来到无垠的宇宙，这种单位就变得十分渺小。举例来说，从木星到太阳的距离，用千米做单位，是78000万，这是一个非常不好使用的数字。可以毫不夸张地形象一点说，用毫米来测量一条铁路的长度有多不方便，用这些单位来测量天体间的距离就有多不方便。

天文学家改用更大的长度单位，把地球离太阳的平距离149500000千米当作一个单位来使用，这样就免去了庞大数字后面一连串的零。例如应用这个单位，测量太阳系里的距离时，木星离太阳的距离等于5.2，土星等于9.54，水星等于0.387，这一单位才是名副其实的天文单位。

再跳将出来看，宇宙不仅仅是太阳系这般大小，如果我们要测量太阳跟别的恒星间的距离，情况会怎么样呢？这一种尺度又嫌太小。例如，离我们最近的一颗恒星是半

①这颗星跟半人马座是并排在一起的。

人马座中的比邻星①，它离地球的距离，如果用这个单位来表示，是 260000，我们可以看出，数字又变得非常大，出现了好多个零，并且还存在着比它远得多的别的恒星。于是，为了方便起见，天文学家又采用光年和秒差距，相对于上面的单位，它们更大更有利于使用。

我们都知道，从地球到太阳的距离，光线不过走 8 分钟，那么，光线走一年，是多远的距离？光年就是光线在太空中一年里经过的路程，一光年的长度比地球轨道半径长的倍数，相等于一年的时间比 8 分钟长的倍数，知道了这个，也许你就能想象出这个尺度有多大，如用千米来表示，这个尺度就等于 9460000000000 千米，那就是说，一光年大约等于 95000 亿千米。

一个更重要的星际距离单位是秒差距，它的来源复杂得多，并且天文学家更喜欢用它。下面我们来解释一下秒差距所代表的距离有多远。首先我们要知道一个概念——周年视差，它是指从星球上看地球轨道半径的视角，视角有多大，周年视差就是多少。而 1 秒差距所代表的距离就是：站在这个距离看地球轨道的半径时，视角恰是 1秒。秒差距是天文学家把"秒"和"视差"连在一起造就出来的名词。根据几何学，天文学家算出：1 秒差距等于206265 个天文单位，秒差距和其他长度单位的关系是：1 秒差距 =3.26 光年 =30800000000000 千米。举例说明一下，上面所说半人马座 α 星附近的比邻星的视差是 0.76 秒，距离和秒差距成反比，所以这颗最近的星的距离是 $\frac{1}{0.76}$ 或 1.31秒差距。

下面是几个明亮的恒星的距离用秒差距和光年来表示的数字：

星名	秒差距	光年
半人马座星	1.13	4.3
天狼星	2.67	8.7
南河三	3.39	10.4
河鼓二	4.67	15.2

> 猎户座是北天冬季、南天夏季了不起的"指示牌"，指向附近许多明亮的星星。

这都是些离我们很近的恒星。要想换成千米，我们可以先把第一行各数乘以30，然后再在后面加上12个零。另外，还要说明一下，天文学家像从米单位导出千米单位一样，又从"秒差距"导出"千秒差距"，因为，当天文学家打算测量恒星系统的距离和大小时，光年和秒差距都还不够使用，他们需要更大的尺度。1千秒差距等于30800万万万千米。我们的银河系直径用这个尺度来测量的话变得非常简单，仅仅是30，从我们这里到仙女座星云的距离，大约是205。

随着研究空间的不断加大，所需的单位也不断变得更大，由此，天文学家不断推导出更大的单位，于是，"百万秒差距"也在需要中出现了。这样，我们就得到了一张暂时的星际长度单位表：

1 百万秒差距 =1000000 秒差距

1 千秒差距 =1000 秒差距

1 秒差距 =206265 天文单位

1 天文单位 =14950000 千米

最后，让我们想象一下百万秒差距究竟有多长。首先，我们把 1 千米缩成头发般粗，在这种情况下，百万秒差距的长度相当于 15000 万万千米，它大约相当于地球跟太阳的距离的 1 万倍。这个数字仍旧在人类想象能力之外，依然很不好把握。

在此让我们用一个比喻，也许可以帮助读者，大家知道，蛛丝是非常细、非常轻的，但如果蛛丝十分的长，它就会变得很重。假如有一条蛛丝从莫斯科牵到圣彼得堡，大约重 10 克。如果从地球到月亮重 8 千克，从地球牵到太阳会重 3 吨，可是如果是一条一个百万秒差距那么长的蛛丝，就会重到 600000000000 吨！